不要只、……過生日，
質感……十四節氣開始！

流轉，大地永不失約的節氣更迭

狄赫丹——著

目錄

目錄

養護文化長城的根基（代序）

狄赫丹先生和我是多年的知交。我們不僅同是文字中人，抑且同對我們生活的這片土地、對這片土地上保育的傳統文化，因血肉連繫而有入骨的了解。我們涵泳其中冷暖自知，對傳統文化具有理性認知。在此基礎上，對文化有脈脈的溫情與深深的敬意。

最近，赫丹先生傾情創作，完成了一部關於中華農耕文明特有的二十四節氣的文化專著。這部專著，不是那種蒼白乾癟的知識堆砌，更沒有賣弄文采的掮客把戲。行文中滿是溫馨的生活記憶和深切體悟，筆觸優美，情感真摯，詳盡介紹並熱烈稱頌有關傳統文化的精彩作品。

近代以來，繼日本脫亞入歐改用公曆之後，自民國起師學日本，易服改制，發布政令，採用了公曆紀年。西元一月一日，定名「新年」，稱作元旦。中國人過了數千年的「年」，改稱「春節」。

所謂西元，以基督教傳說的耶穌生年為起始元年。堂堂大中華，文明古久，史籍明確紀年連綿不絕至少有三千年，何以要屈從奉行他國他人紀年法？老百姓管不了那麼多，政令下達，誰也無可如何。中國採用公曆紀年，說來已然使用了一百多年，大家也就漸漸習慣了。況且，中華文明胸襟開敞，有容乃大，吸納容涵，公曆紀年又可方便國際交流，彷彿世界大同能見一斑。

但一百多年過去，公曆年任他叫作元旦，中國年任他改稱春節，億萬華人過年，在心理上和事實上，在習俗上和文化上，過的還是傳統的年。沒有政令號召，也沒有政策鼓勵，沒有倡導振興，也沒有列入「非物質文化遺產」來保護，年味不改。僅此一例，足以見出中華文明的浩瀚博大、厚重強韌。

中華文明是人類文明史上的奇蹟，是唯一的數千年不曾斷裂的偉大文明。她不是博物館裡的珍藏，她不是滔滔萬言的高頭講章，她是從遠古流淌至今的文明之河，她是滋生滋育的文明母體。她經歷過人類文明史上最酷烈的考驗，她經受過異質文明的衝擊、擠壓和滲透。是中華文明養育的億萬老百姓，自覺不自覺地堅守了這一文明。億萬人的堅守，築成了永遠堅不可摧的中華文明的長城。

西元紀年，大家約定俗成叫它是陽曆年。陽曆，或曰「洋曆」，當然是太陽曆。以地球公轉繞日一周為一年。但因之又將中華之年稱作「陰曆年」，這便是一個巨大的誤會了。

相對於太陽曆，純粹的太陰曆是有的。比方伊斯蘭教國家所採用的「哈吉來曆」。太陰曆以月球公轉繞地球一周為一個月，即嚴格的朔望月。說到朔望月，中國人使用了數千年，簡直是太熟悉、太親切了。

朔望月，初一完全看不到月亮，而十五一定是滿月。月亮懸象於天，老百姓對於一個「月」，因之有了最直觀的概念。

一個月當中，和月相有關的紀日俗諺俗語有很多。比如「初三初四，月牙挑刺」、「初八是弓，十五是餅」、「十七十八，人定月發」、「二十數二三，天明月正南」、「二十四五，月亮上來雞吼」等等。

一個朔望月，月亮環繞地球公轉一周，實際時間是二十九又半天。

一年十二個月，一年的天數便是三百五十五天左右。上面所說的太陰曆如哈吉來曆就是這樣的。但如此一來，太陰曆的年，比起太陽曆的年，每年要相差十天左右。大致三年，便要相差一個月。

因之，伊斯蘭教國家過年，有時就過在了夏天。

中華文明，是農耕文明托舉起的古老輝煌文明。如果純粹採用太陰曆，一定會造成四季紊亂，違背「春耕秋收」的農時節令，後果將是災難性的。「堯之時，十日並出」，可能說的便是這樣的災難。「后羿射日，嫦娥奔月」的遠古神話，反映出的或許正是一場偉大的曆法變革。

偉大的先民聖賢，日影測竿，確定了冬夏二至，發明了

代序

二十四節氣。從冬至陰極陽生到夏至陽極陰生，正是一個嚴格的太陽年。一個太陽年，劃分出與農耕生產密切相關的二十四節氣。二十四節氣，成為中華傳統文化的極具代表性的符號。

太陰曆與太陽曆如何使之有效的統一起來？天才的先民使用了「置閏」之法。十二個朔望月下來，一年要比太陽年少大約十天，差不多三年會少一個月，耳熟能詳的「十九年七閏」，說的正是置閏的規律。依照太陽年的嚴格而四季分明的週期，春耕、夏耘、秋收、冬藏一系列農耕活動，則運用二十四節氣來分割掌控。

既嚴格採用了月相分明的朔望月，又嚴格遵奉了二至限定的太陽年，全人類唯有我們的夏曆——從夏朝就開始使用的曆法，是最科學的曆法。中華文明，天人合一，她是東方偉大的理性精神之體現。

迎送了一個個中華年，我們的成長刻滿了年輪；年年經歷二十四節氣，我們時時沐浴著華夏文明的恩澤。我們是中華土著，我們來自民間。這是我們的命定，更是我們的幸運。

中華文明滋養了我們，回饋與養護我們的母體文明是我們義不容辭的責任。

狄赫丹先生寫出這樣一本著作，令人感奮，帶給人信心。

文化長城哪怕僅僅剩下一段殘牆，在那根基上長城都將能夠重建。況且，我們的文化長城巍巍不倒，她的生生不息的子民正在奮力添磚加瓦。

是為序。

張石山

代序

春

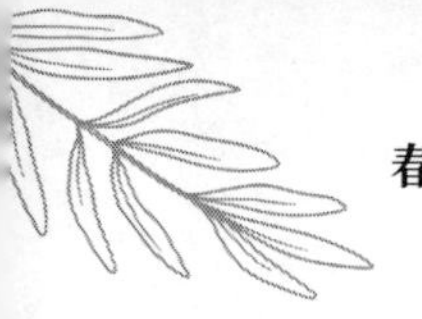

‖節氣之首·立春‖

二十四節氣，是中國人詩意棲居的創造，是我們的祖先在漫長的農耕社會裡，貢獻於世的特有的偉大發明，是古代先民長期觀察研究天文、氣候、物候的結晶，具有很高的科學價值。從秦漢起，兩千多年來，我們一直依據它安排農事和生活，直到今天，仍相沿使用。然而，隨著現代文明的高度發達，跟我們生活密切相關的二十四節氣漸漸被淡化，甚至於遺忘。尤其生活在城市的人們，對天地萬物的美麗曼妙早已缺乏感知，就連農家出身的年輕人也在奔波忙碌的快節奏中忽略了物候節令⋯⋯

我們還能找回先人們留給我們的物候節令嗎？我們該怎樣傳承祖先留給我們的這份世間獨有的遺產？在今天這個光怪陸離、瞬息萬變的時代，請讓我們的內心安靜下來，放慢行色匆匆的腳步，在四季輪迴歲月流轉中，領悟天地變化，體察衣食物候，感受時光之美。

「春雨驚春清穀天，夏滿芒夏暑相連。秋處露秋寒霜降，冬雪雪冬小大寒」。這首節氣歌，在兒時就反覆吟誦。今天，讓我們在新的一年開始之際，從立春出發，依季候而作，在重新吟誦節氣歌的民謠裡，找回生活瞬間的微妙幸福，體會陰晴雨雪、花開花落的人間好時節。

農曆是我們祖先的發明，已運用了幾千年。「二十四節氣」是先人根據黃河中下游流域的氣候特點，創造出來作為用來引領農事的補充曆法。

立春是二十四節氣之首，中國古代民間都是在「立春」這一天過節，相當於現在的「春節」，而農曆正月初一稱為「元旦」。西元一九一一年，孫中山領導的辛亥革命，推翻了清朝的統治，建立了中華民國。各省都督代表在南京開會，決定使用公曆，把農曆的正月初一叫作「春節」，把公曆的一月一日叫作「元旦」。到孫中山於一九一二年一月初在南京就任臨時大總統時，為了「行夏正，所以順農時；從西曆，所以便統計」，定農曆正月初一為春節，改公曆一月一日稱為歲首「新年」，仍稱「元旦」。

農曆和二十四節氣，作為祖先留給我們獨有的這份遺產，我們應當用心守護才是。那麼，我們就從二十四節氣的第一個節氣立春說起吧。

立春，作為四季輪迴周而復始的開端，表明春天來了，新的時間又開始了。《月令七十二候集解》中說「立春，正月節。立，建始也。五行之氣，往者過，來者續。於此而春木之氣始至，故謂之立也。立夏、秋、冬同。」

一年之計在於春，立春是開始，是萬象更新。按公曆，立春一般在二月四至五日之間，這時太陽到達黃經三百一十五度。

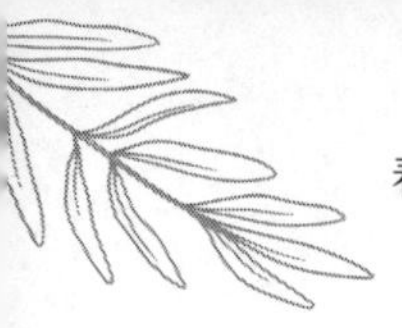

在鄉間，立春也叫「打春」。我對立春這個節日有印象，是始於我在鄉下老家時。那時候，常常在年關前後會聽到鄉親們聊天說，再過一天或者兩天就該「打春了」，那時根本不明白「打春」跟整日的農事有何關係。有時候，見村中老人們背著手在街邊牆腳曬太陽，你一言我一語的閒聊說：打春時在地下挖坑虛土，然後往虛土上插一根雞毛，每到打春的那一刻，雞毛就會抖動一下甚至從土地裡彈出來……我曾想親自實驗一下，遺憾的是一直到今天，這些年過去，也一直未了這個心願。隨著時光的推移，我卻寧可相信這是真的。在此後歲月流轉的平淡日子裡，我慢慢體會出，鄉村老人們的這個說法，意味著立春的那一刻，大地深處正醞釀著浩大的生機，大地甦醒了！

雖然在廣袤的北方，仍然冰天雪地，但立春，是一年中的第一個節氣，從天文意義上講是春天的開始。從這一天一直到立夏，是為春季。

古代將立春的十五天分為三候：「一候東風解凍，二候蟄蟲始振，三候魚陟負冰。」說的是東風送暖，大地開始解凍。立春五日後，蟄居的蟲類慢慢甦醒，再過五日，河裡的冰開始溶化，魚開始到水面上游動，此時水面上還有沒完全溶解的碎冰片，如同被魚負著一般浮在水面。

立春三候中，東風是中國人理解的八風之一。即四時八節之風。

何謂四時八節？四時乃春夏秋冬四季，八節乃立春、春分、立夏、夏至、立秋、秋分、立冬、冬至。在史書《易緯通卦驗》記載中，關於四時八節之風有這樣的表述：「八節之風謂之八風。立春條風至，春分明庶風至，立夏清明風至，夏至景風至，立秋涼風至，秋分閶闔風至，立冬不周風至，冬至廣莫風至。」這是從時間上定義。

從空間上定義，八風是四正四隅的八方空間之風：「東風叫明庶風，南風叫景風（亦名凱風），西風叫閶闔風，北風叫廣莫風，東北風叫條風（又叫榮風），東南風叫清明風，西北風叫不周風，西南風叫涼風。」時空統一，東風指的就是春風。在八風之中，東風於我們最為親切，也最受歡迎，常常預示著新事物和新風氣的來臨。還有《楚辭 · 九歌·山鬼》中：「東風飄兮神靈雨」，蘇軾的「東風知我欲山行，吹斷檐間積雨聲」，辛棄疾的「東風夜放花千樹」……東風寓意著生機和活力，東風吹來之際就是春天來臨的信號，我們都感覺到了。

自然無語，大地不言，但它們卻用這樣一種方式告訴我們，萬物正在無聲無息中萌動，我們留意觀察，這該是怎樣一幅周而復始的美妙圖景。

的確，從立春之日起，天空地上都將出現新景象。只是這季節更替的新景象讓人在眼花撩亂、目不暇給的科技產品面前失去了對四季輪迴的感知。

我不清楚，如今生活在城市的人們還有沒有往日的浪漫情懷：

在漆黑的夜晚辨識星空，在滿天的繁星下無邊想像？請給自己一個短暫的空隙，讓我們從電視機前移開視線，從低頭看手機螢幕中抬起頭來，將目光越過璀璨的街燈仰望夜空——如果你有興趣，便可發現從立春這天開始，那些星辰在不知不覺中變換了位置。比如我們人人都熟悉的北極星、那斗柄由北指轉向東指，正應了一句古語：「北東指，天下皆春。」再看大地之上，則開始生機勃發。俗諺說：「立春一日，水暖三分」，「立春三日，百草發芽」。東風吹來，河水解凍，蟄蟲甦生，草木漸漸長出嫩芽，而在南方過冬的候鳥，就如蒙古歌曲《鴻雁》中唱的，正翹首北望，帶著思念，準備「北歸還」呢！春天，是充滿生機的季節，立春，是充滿希望的節氣。

古時，立春之日民間有「鞭春」、「打春」的習俗，就是鞭打用土做的春牛，人們用這種方式表達對新一輪農業週期五穀豐登的美好願景。

一年之計在於春，一春之計在立春。人們很早就格外看重立春這個日子。人們習慣把立春叫作「打春」，緣於立春日的鞭打春牛風俗。在中國兩千多年的立春節日發展史上，春牛一直是一個不可或缺的重要角色。「周公始制立春土牛，蓋出土牛以示農耕早晚」。

足以說明其歷史之久遠。在中國的陰陽理論中，牛為土畜，土能勝水，故能驅除陰氣。

舊時立春的節日活動，主要有迎芒神、迎春牛和鞭春牛。

芒神，就是句芒。句芒為春神，即草木神和生命神。《山海經》中這樣描繪句芒：「東方句芒，鳥身人面，乘兩龍。」句芒的形象是人面鳥身，執規矩，主春事農耕。太陽每天早上從扶桑上升起，神樹扶桑歸句芒管，太陽升起的那片地方也歸句芒管。這位神話中的天神因為主管春事農耕，因而深受人們敬仰。

在民間，句芒的形象有明確的規定，展現了中國的農曆特色，如句芒身長三尺六寸五分，象徵一年三百六十五天；鞭長二尺四寸，象徵一年有二十四個節氣。句芒站立的位置，也要根據五行的干支和陰陽年確定。年份尾數是奇數就是陰年，尾數是偶數就是陽年。

陽年，句芒站在春牛左邊；陰年，句芒站在春牛右邊。句芒有時還手執彩鞭。這時的句芒，被喚作「芒神」，既是春神，又兼有穀神的職能。民間一年的農事，盡在句芒的掌握和安排之中。

在周代就有設東堂迎春儀式，說明祭句芒由來已久。由

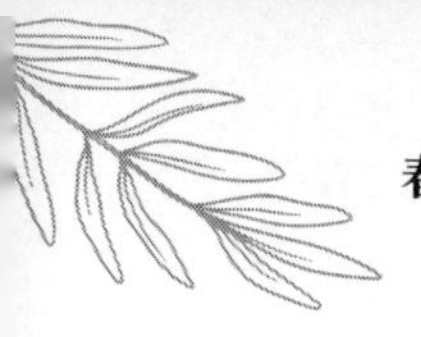

於鞭春牛與迎芒神的活動接近，到宋代將之合併為立春日的「打春」活動。

打春，向為歷代帝王重視，至唐、宋兩代甚為盛行，尤其是宋仁宗頒布《土牛經》後，使鞭土牛風俗傳播更廣，成為民俗文化的重要內容。

立春日，古代帝王要舉行隆重的迎春大典。兩千年前成書的《禮記》中，就有這樣的記載：「先立春三日，太史謁之天子，日『某日立春，盛德在木』。天子乃齋。立春之日，天子親帥三公九卿諸侯大夫，以迎春於東郊。還反，賞公卿諸侯大夫於朝。」這種活動影響到民間百姓，使之成為後來世世代代的全民的迎春活動。宋代的《夢粱錄》中記載：「立春日，宰臣以下，入朝稱賀。」這說明，迎春活動已經從郊野進入宮廷，官員互拜，祝賀春天的來臨。而有關「打春」的記載，清代更顯得隆重。清人的《燕京歲時記》中也記載：「立春先一日，順天府官員，在東直門外一里春場迎春。立春日，禮部呈進春山寶座，順天府呈進春牛圖，禮畢回署，引春牛而擊之，日打春。」另外，清人讓廉撰寫的《京都風俗志》中也有記載：「立春之儀前一日……迎春牛芒神入府署中，搭蘆棚二，東西各南向，東設芒神，西設春牛，形象彩色，皆按干支，準令男女縱觀，至立春時……眾役打焚，故謂之打春。」然後，人們將春牛的碎片搶回家，視為吉祥。

在傳統的農耕社會，這樣源遠流長的風俗傳承，本不足為怪。

立春之日，京城官府這般隆重，而各地方官也莫不如此。

那時，每逢立春日早晨，知府和知縣會親率僚屬，駕著裝有核桃、柿餅、大棗等乾果的紙春牛，抬著一張供桌，上面陳放豬、羊、餅等供品，敲鑼打鼓，到郊外一定地點設祭焚香，舉行迎春典禮。禮畢，用棍棒將「春牛」打破，這就是所謂「打春」。「春牛」破毀，乾果紛紛落地，任圍觀百姓拾取。當時流行的應節食品有春盤、春餅等。至民國初年間，「春牛」、春盤、春餅均逐漸消亡，縣府只迎春，不打春。但盛行商家出行的風俗。出行，又叫接喜神，是祈祝生意興隆、財源亨通的一種儀式。立春日早晨，商家紛紛出動。各自抬上供桌，攜帶一個錢褡，裡面裝若干制錢，鑼鼓喧鳴，到既定地點設祭。祭畢返回，沿途燃放鞭炮，不時拋撒一把制錢，聽憑路人哄搶，那場景自然十分熱鬧喜慶。

時至今日，這樣的節氣風俗儀式雖然消失了，但立春時節，人們祈求五穀豐登的願望還深深烙印在心裡，因為，這個節氣依然與我們的生活密切相關，只是從外在的形式轉為內心的祈願。

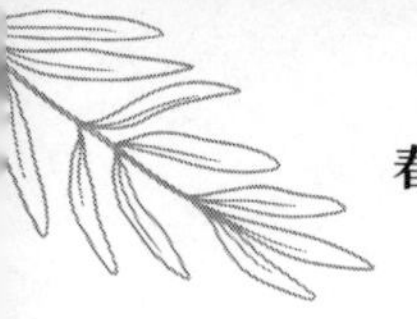

在民間，百姓則在立春日喝春酒、吃春餅、打春牛，一些地方還有「咬春」的風俗，吃個生蘿蔔，消食防病。千百年形成的風俗，有些至今還在華人鄉村沿襲，成為一種立春文化。而比這種喝春酒，吃春餅，「咬春」更盛大的節日 —— 春節就在立春節氣中隆重登場。

春節是華夏兒女普天同慶的節日。在春節期間，過去的人們有一年中最為豐盛的吃喝，但也有諸多最為講究的禁忌，這裡就不一一敘述了。那些在臘月裡懷抱喜悅辦年貨、除舊布新、寫春聯貼門神、除夕守歲和大年初一向長輩拜大年等諸多禮儀，一直都滲透在我們的血液裡，是我們滿懷期待走向又一個春天的精神動力。

立春，表示著一年農事活動的開始，農民將進行各種春耕的準備，雖然，隨著科技進步、溫室的出現，突破了播種和收穫的季節限制，但在鄉村，人們依然會跟著節令的步調春耕秋收。

古往今來，立春日，已經不僅僅限於農業節氣，更充滿著中國人對自然的體察以及對人生的感悟。立春，一切才剛剛開始。俗諺說：春打六九頭。立春過後，東風徐來，漫過原野，大地將漸漸豐盈，人們的日子也愈發生動鮮活起來。

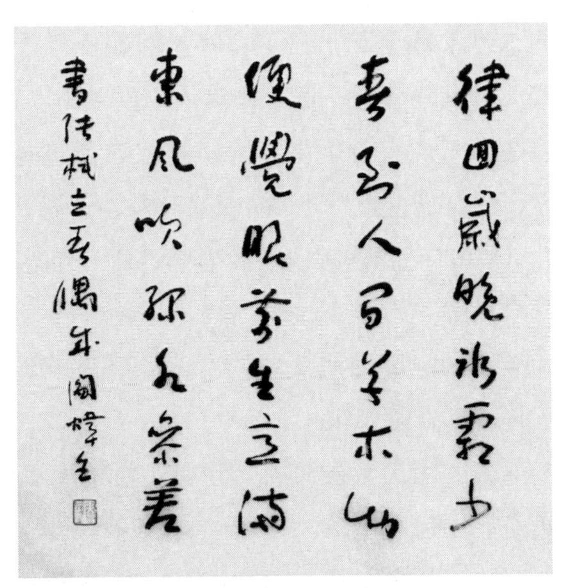

閻煒生　書

〈立春偶成〉（宋）張栻

律回歲晚冰霜少，春到人間草木知。便覺眼前生意滿，東風吹水綠參差。

喜雨初降·雨水

雨水，是二十四節氣中的第二個節氣。第一個節氣立春過後，接下來就是過春節鬧元宵，在一派歡樂祥和中，雨水節氣就到了。

如果說立春是春天的「序曲」，只是剛剛春意萌發，還會乍暖還寒的話，那麼雨水便進入了春天的第二樂章「變奏」，人們會明顯感到田野一片生機。

每年的二月十八至二十日，多半是農曆正月十五前後，不知不覺間太陽到達黃經三百三十度的位置。

雨水將交節，便有春雨來。大年初五的第一場春雨，給這個節氣做了最好的注解 —— 綿綿的春雨幾乎下了一天，令沉浸在過大年中的人們倍感喜悅：春日寒雨，細密纏綿，隨風入夜，潤物無聲。

春天，猶如一個撐著油紙傘的女孩，踏著春雨滴滴答答的節拍，正趕著雨款款走來。

雖然接下來的兩天大風降溫，可涼浸浸的春風還是禁不住讓人想大口呼吸。

據史料記載，西漢年初，雨水節氣排在「驚蟄」之後，是農曆二月的節氣。到西漢末年，才排在了「驚蟄」之前，成了正月的節氣，並沿用至今。這樣排列，自然是有其科學道理的。

古代將雨水分為三候（一候五天）：「一候獺祭魚，二候鴻雁來，三候草木萌動。」意思是說，水獺開始捕魚了，捕得太多以至於擺在岸邊排起來，五天後大雁開始飛回北方，再過五天，在潤物細無聲的春雨中，草木隨地中陽氣的上騰而開始抽出嫩芽，大地開始呈現出欣欣向榮的景象。五代齊有〈野步〉詩，其中「田園經雨水，鄉國憶桑耕」句，就是描述這一場景。

交了「雨水」，意味著冰雪將去，春水將至，雨水漸漸多了起來。

正如《呂氏春秋》所說：「天氣下降，地氣上騰，天地和同，草木繁動。」如同「立春」一樣，「雨水」也是一個喜慶節令。因為這個節氣與中原農民、農業的關係實在是太密切了。雨水節期間，大部分地區氣溫回升，降水量比上個節氣有所增加，油菜、冬小麥開始返青生長。如果一冬雨雪偏少，雨水節氣正是澆灌返青水的時候，同時農民也準備投入到備耕農事中。這樣的時節，如恰逢春雨綿綿，那就是再好不過的事情，正應了這樣的俗諺：「雨水有雨莊稼好，大春小春一片寶」、「正月裡，雨水好；二月裡，雨水寶」。

的確，雨水對於人類，對於大地，對於萬物，皆是甘霖。於是自古以來，人們便祈求風調雨順，並傳誦著許多美麗動人的故事。

傳說，「神農氏治天下，欲雨則雨」，「周公太平之時，雨不破塊，旬而一雨，必以夜」。想要雨，天就下雨，十天下一場及時雨，還在夜間下，這樣的太平世界，真是太美妙了！這些傳說，都堂而皇之地載入了史冊。可是，現實生活哪有傳說的這般美妙，現實常常有旱澇災害的發生。在古時，由於科學不發達，人們只好祈求神靈，還想出許許多多「祈雨」的辦法，如曬龍王、盜龍王、祭關公，以及抬著神

像巡遊等等，這樣的故事小時候我們聽過不少。隨著生產力的發展和農業科技的不斷進步，從建水庫，修渠築壩進化為噴灌、滴灌等節水灌溉方式並大力普及，科技作物、溫室正方興未艾，莊稼植物對水的需求，在某種意義上實現了由人控制，祖輩們「祈雨」的場景早已消失在人們的視野之外，成為我們對歷史風俗的一種緬懷。

當然，我們也記得跟雨水節氣有關的一些習俗，這些習俗在小時候就聽老人們一遍遍叮囑過。雨水大都在元宵節前後，人們在紅紅火火鬧元宵時，總懷著對一年風調雨順、五穀豐登的美好祝願。

因此，在歡樂鬧元宵的民俗風情裡，各地都有一些說法和禁忌，特別是上黨地區的鄉村。在過去，正月十五元宵節村村放花燈時，要留意看燈花會是什麼樣子，據說由此可以看出當年收成好壞，燈花又大又好看就預示著要豐收，所以人們做燈芯時往往想方設法做得又粗又長，以使其能結出大而好看的燈花。

元宵節不止在晉地，同時也是全國範圍內一個盛大的民間節日。

元宵節民間俗稱較多，有「上元節」、「元夕節」之稱，大多數乾脆叫鬧元宵。這個節日的起源已有兩千多年歷史，史料載，東漢永平年間，明帝為提倡佛教，於上元夜在宮

廷、寺院「燃燈表佛」，令士族庶民家家張燈結綵。此後相沿成俗，成為民間盛大節日之一，也是春節後的第一個重要的節日。

雨水逢元宵，人間樂陶陶。元宵節鬧元宵，就節期長短而言，漢朝是一天，到了唐朝已經定為三天，宋朝則長達五天，明朝時間更長，自初八日點燈，一直到正月十七夜裡才落燈，整整十天。由此看來，宋朝不僅是一個藝術巔峰的朝代，就民間多彩的生活也無與倫比。遙想一下，假如時光到流，作為一個宋人，或許此刻正徜徉在元宵節日的開封城中，御街之上人流絡繹，萬盞綵燈壘成燈山，看人們載歌載舞：「遊人集御街兩廊下，奇術異能，歌舞百戲，鱗鱗相切，樂音喧雜十餘里。」面對這等非凡的熱鬧場面，我或許正在熙攘的人群中踮起腳尖伸長脖子看呢！入夜燈燭齊燃，在鼓樂齊鳴的京都御街上，我可是那個滿心歡喜舉目搖頭賞燈猜燈謎的志學少年嗎？

然而時至今日，有多少啟迪兒童心智的風俗散落在歷史的風煙中。我所能記得的，是小時候元宵之夜騎在父親的脖頸上觀花燈看熱鬧的情景。

元宵之夜，騎在父親的脖上，跟著摩肩接踵的人流一路走過，耳邊鼓樂唱聲不絕，眼花撩亂中煞令人目不暇給：放煙火、踩高蹺、舞獅、耍拳和跑旱船，而最有意思的就是看

「二鬼摔跤」和猜燈謎。這些一年中只有元宵節才有的熱鬧，至今印象深刻。如今的元宵夜雖然還有花燈，而且有些花燈越做越豪華，但卻總也找不回兒時的意趣。只有一首童謠還時時在耳邊響起，每每默念，似乎又找回在父親脖頸上的那份溫暖和快樂：「正月裡，正月正，正月十五鬧花燈，花燈花，花燈紅，花燈紅紅好年景……」

一首童謠沒及念完，人已長大。多少年過去，那樣的情景卻總是在腦海中縈繞。

不知是不是巧合，每年雨水節氣逢元宵節日，總給人一種五穀豐登的盼望：人間紅火熱鬧，老天雨雪湊趣。因此有俗諺說：「正月十五雪打燈，一個穀穗打半升。」這是好兆頭啊！

雨水節氣，恰好在正月期間，故各地傳統民俗活動很多。還有正月初十夜傳說是老鼠嫁女兒之時，家家戶戶都不可以點燈。因為老鼠辦喜事喜歡在黑暗之中進行，一遇光亮便只好中斷。一旦中斷了，人們相信老鼠在整個一年當中隨時都會向人類施行報復，讓人不得獲取豐收。現今也有人把老鼠嫁女兒這一民俗演繹得活靈活現——正月初十，村民們在鑼鼓聲中各自扮裝，投入到「老鼠嫁女兒」的情景中去。其內容大意是這樣：一個老鼠長輩要待嫁的女兒拋繡球挑選如意郎君，突然來了一隻大黑貓，嚇跑了所有的老鼠，一隻聰明的小老鼠引開了大黑貓……老鼠長輩就想著要給女兒找個強大的女婿，一來不怕大黑貓，能保護自己的女兒，二來能保護自己的族群。選來選去，覺得太陽最強大，萬物離不開太陽啊，便想讓太陽當女婿，這時飄來一片雲遮蔽了太陽，老鼠長輩又覺得雲最強大，就又想選雲當女婿，恰在此時刮來一陣大風，將雲朵吹散，老鼠長輩覺得原來風是最強大的；大夥兒為避風就躲藏在牆壁下，老鼠長輩又想牆能擋風應該最強大，可就在這時，那隻引開大黑貓的小老鼠把厚厚的牆挖了個洞……老鼠長輩最後選定小老鼠作了女婿。

世間萬物，相輔相成，相剋相生。正所謂尺有所短，寸有所長啊。世界上沒有最強的東西，適合你的便是最好的！

大家可能會說，這個故事跟雨水節氣沒什麼關係啊！其實不然，雨水節氣往往都在正月初十前後，雨水節氣期間演繹這樣一個包含哲理的民俗活動，其中的道理會如綿綿春雨一般沁入人們的心田。

所有的節日民俗都包含著哲理，代代相傳，像這樣形象地演示給我們做人的道理和恪守本分的民俗不在少數。而雨水節氣裡的「填倉節」，則承載著對豐收的寄託。這個正月裡最後的節日，同許多節慶一樣，包含農人們最樸素的情感和對風調雨順的企盼。

農曆的正月二十五是填倉節，填倉節因「填」與「天」

諧音亦稱為天倉節。填倉，意思為填滿穀倉。這一天，各家要往倉房裡增添糧食，意喻著增加收成。填倉節寄託了人們對於糧食豐收的良好願望。諺語說：「填倉不填倉，先要添滿缸。」舊時，填倉節除了往倉庫屯糧食，家家還要先把水缸挑滿水。水，意味著財富，水缸滿則寓意財源廣進、風調雨順。

正月二十五的填倉節，某些地區鄉間還有一種極具地域特色的風俗：「老填倉」這天一早，家中主婦會早早預備下一些紙紮和貢品放在竹籃裡，到村外的土地廟裡上香。上香回來後用發好的麵再摻上玉米麵粉開始蒸饅頭，「老填倉」這天不多蒸也不少蒸，只蒸十二個。每個饅頭代表一個月分，上面用指頭按出相應數目的小坑以記月分。等饅頭蒸熟了，一家人會過去圍著蒸鍋看，哪一個饃上面小坑裡積水多，就預示著相對應的那個月的雨水多，反之，就預示那個月的雨水少。

不知這樣的習俗起源於何時，但農人們對滋潤萬物的雨水的祈盼，卻是這般純樸而虔誠。

這樣的一種儀式，今天想來依舊覺得十分可愛。

天一生水，東風解凍，散落為雨。在這個一看到雨水兩個字眼，就心生溫潤的節氣裡，讓我們走出門戶，到曠野裡感受「草色遙看近卻無」的朦朧，感受綠意一點點從下往上、如綠霧般瀰漫開去的生動。

雨水節氣，該落一場雨才對。

雨水節氣逢春雨，在綿綿細雨裡，回看時光的倒影，體悟歲月的餘味，也試著找回我們的鄉愁。

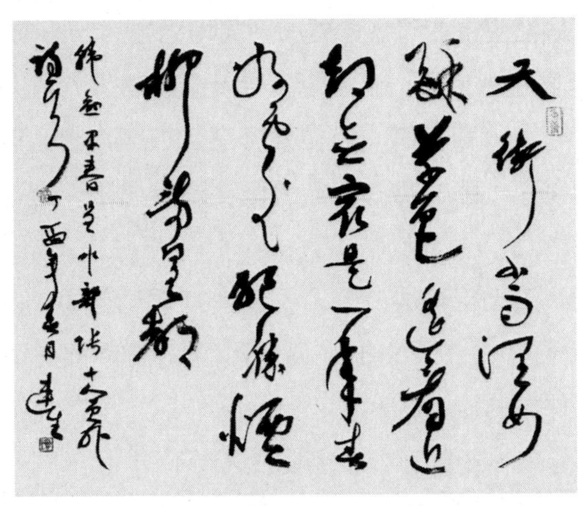

張連生　書

〈早春呈水部張十八員外〉韓愈（唐）

天街小雨潤如酥，草色遙看近卻無。最是一年春好處，絕勝煙柳滿皇都。

‖ 春雷始動‧驚蟄 ‖

正月元宵節鬧社火的鑼鼓聲還未散盡，驚蟄節氣轉眼便到跟前。

時光流轉，環環相扣，節令不等人，正所謂人勤春早哪！

驚蟄，古稱「啟蟄」，是二十四節氣中的第三個節氣。因何將「啟蟄」改為驚蟄？漢朝第六代皇帝漢景帝名劉啟，據說當時人們為了避諱，將「啟蟄」改為「驚蟄」。不想這一改，一個活生生的節氣竟更加形象地立在人們眼前。「啟」與「驚」雖字意相同，但「驚」字更響亮生動，所以驚蟄便一直沿用至今。驚蟄節一般在公曆三月五至六日之間，驚蟄為「二月節」，即二月的節氣，但實際上它不一定都落在農曆二月。

驚蟄節的出現，很久遠了，至少有兩千多年。漢時成書的《淮南子》在〈天文訓〉篇中，就將驚蟄排在了雨水之後，做為仲春的第一個節氣了。

尋思起來，驚蟄節氣是這般的與眾不同。

由驚蟄聯想到二十四節氣，每個節氣的名字起得很有意思。細細感受，自有一番意境包含其中。你看，每個節氣都是兩個字，簡潔，平和，在所有用動詞標識的節氣名稱中，比如立春立秋的「立」，夏至冬至的「至」，或處暑的「處」，霜降的「降」，無一不是平和、客觀、中立地表明節氣到來的意思，是一種訴說而已。唯一富有動作感和感情色彩的，是驚蟄。一個「驚」字，凸顯這個節氣的來頭與氣勢與眾不同，有一種天地驚雷、令人驚醒的意思在內。

《月令七十二候集解》在說到驚蟄節時，這樣寫到：「二月節……萬物出乎震，震為雷，故日驚蟄，是蟄蟲驚而出走矣。」驚蟄時節開始有雷，蟄伏的蟲子聽到雷聲，因受驚而甦醒過來，結束了漫漫的冬眠。我們不妨看看古代人們對驚蟄物候的記載。古時將驚蟄十五天分為三候：「一候桃始華，二候倉庚鳴，三候鷹化為鳩。」、「桃始華」即桃花開放，「倉庚鳴」即黃鸝開始鳴叫，古人認為動物之間會發生變化，看到鷹少了，鳩（這裡指布穀鳥）多起來，就認為是「鷹化為鳩」，總之驚蟄是到了桃花盛開、黃鸝鳴叫、布穀鳥飛來的時節了。驚蟄時節，「草木縱橫舒」，伴隨著隱隱春雷，下過幾場淅淅瀝瀝的春雨之後，「一場春雨一場暖」，桃花開得如霞似錦，在風中，在雨裡，展現它的嫵媚；黃鸝用歌聲表達它的喜悅和激情，叫聲越來越熱烈；喜好捕殺的老鷹被春色感染，變得像布穀鳥一樣溫柔起來。

這樣的說法代代相傳，這樣的情形年年輪迴，千百年間在中國的土地之上鄉村之中流傳至今，令人滿懷期待。

我想起童年，每逢驚蟄節令到來，村裡的鄉親們便會念念有詞，教我記住一些俗諺說法：「春雷驚百蟲」、「一聲春雷動，遍地起爬蟲」、「不用算，不用數，驚蟄五日就出九」。這個節令與我的青春過往緊密相連，它讓我有了一點點回憶青春歲月的資本。從那時起，我就對這個蟄伏的蟲子被雷聲驚醒、勤勞的鄉親們開始下地工作的驚蟄節氣記得深刻。

二十四節氣的名字都有所表示。有的表示氣候，如雨水、大暑等；有的表示季節，如立春、立夏等。而驚蟄還是二十四節氣中唯一一個以動物習性表示的節氣。這個以驚醒各種昆蟲的節氣，也預示著一年耕作自此始啊。

由氣象連繫到物候，再連繫到農耕，是古代先民的一大貢獻。

《禮記‧月令》在談到仲春時，就說：「雷乃發生，始電，蟄蟲咸動，啟戶始出。」這樣對自然現象的描述，在《詩經》中便成了一幅與生活、勞動相關的場景。《詩經‧豳風》這樣記載：「三之日於耜，四之日舉趾。」意思是說正月裡修好鋤和耙，二月裡舉足到田頭。這短短的幾個字，看似平常，卻不知經過多少年對自然的觀察和年復一年的勞作，才得以寫出。

「驚蟄清田邊，蟲死幾千萬」。這句農諺點明了驚蟄這個物候類節氣的農事主題。春雷乍動，不光驚醒了蟄伏在土中冬眠的動物，農民們也早早就忙翻了——清溝理墒，育苗，運糞施肥，防治蟲病草害……農諺說：「驚蟄春翻田，勝上一道糞」、「過了驚蟄節，耕地莫停歇」，可見驚蟄期間的主要農事是春耕、施肥以及滅蟲。

驚蟄節氣過後幾天便是又一個與農事緊密相關的民俗節日「二月二」。俗諺說：「二月二，龍抬頭。」傳說這天是龍抬頭的日子，古人認為「龍為百蟲之長」，能「興雲雨，利萬物」。它在頭年冬至蟄伏，來年二月二抬頭升空開始行雲降雨。龍是中國古代最主要的雨神，祈龍神也成為最普遍的祈雨儀式。《山海經·大荒東經》云：「旱而為應龍之狀，乃得大雨。」《三墳》云：「龍善變化，能致雷雨，為君物化。」在農耕社會中，雨水對人們來說非常重要。只有適當的雨水，才能使莊稼長得茂盛，結粒飽滿。故《詩經·小雅·信南山》載：「既優既渥，既霑即足。生我百穀。」在神話傳說中，龍固然能興雲布雨，澤潤人生，可為何「龍抬頭」偏偏在二月初二這一天？

原來，這裡包含著一個天文現象。

從大時間序列來看，驚蟄節氣的順序在漢代後的調整符合了天地之數，天地陰陽的組合裡，驚蟄調整在雨水之後。先民則觀察到，此時跟農曆二月二經常重合，大地之下的小昆蟲們都醒過來了，而冬眠潛水的龍，也在此時抬頭了——此時的「龍」就是天空中的蒼龍七星。作為一種天象，正應了「潛龍勿用」這一說法。潛龍勿用，出自《易經》第一卦乾卦的象辭，隱喻事物還在發展之初。「二月二，龍抬頭」這個龍，就是跟中國悠久的農耕文明息息相關的蒼龍七星。每年的農曆二月初二晚上，蒼龍七星開始從東方露頭，角宿，代表龍角，開始從東方地平線上顯現；大約一個鐘頭後，

亢宿，即龍的咽喉，升至地平線以上；接近子夜時分，氐宿，即龍爪也出現了。這就是「龍抬頭」的過程。

這以後的「龍抬頭」，每天都會提前一點，經過一個多月時間，整個「龍頭」就「抬」起來了。「龍抬頭」意味著春耕的開始，「二月二，龍抬頭，大家小戶使耕牛」。此時陽氣回升，大地解凍，春耕將始，正是運糞備耕之際。

所以每逢「二月二」，在某些地區還有一些特別的習俗。每到「二月二」早晨，便有人用工具將石磨盤的上扇撐起一條縫，說是好讓龍抬起頭來……現在的年輕人見石磨少了，更不知道會有這樣的習俗 —— 石磨的上下兩扇磨眼之間有一條刻鑿的龍紋，讓龍順利地抬起頭來，它就會多布幾場雨，讓莊稼生長得更好。而一些地方還有撒囤唱歌的習俗：在場院裡用燒火做飯的草木灰撒成一個個圓圈，然後由孩子們繞著灰堆邊轉圈邊唱兒歌：「二月二，龍抬頭，家家戶戶迎豐收；大囤尖，小囤流，打的糧食過梁頭。」這是人們對五穀豐登的祈盼。

民間還有一首流傳更廣的童謠，反映了皇家對天下百姓風調雨順、安居樂業的祈福：「二月二，龍抬頭，天子耕地臣趕牛，正宮娘娘來送飯，當朝大臣把種丟，春耕夏耘率天下，五穀豐登太平秋……」。

的確如此，明清兩朝的皇帝每年的二月二，都要象徵性地到南城先農壇內的「一畝三分地」上耕地鬆土，從清雍正皇帝開始，改為每年二月二到圓明園西側的「一畝園」扶犁耕田。上年紀的老人也許還對一幅《皇帝耕田圖》的年畫有些記憶，年畫中，頭戴皇冠、身穿龍袍的皇帝正扶犁耕田，身後跟著一位大臣，一手提籃一手撒種，牽牛的是一位身穿長袍的七品縣官，遠處是挑籃送飯的皇后和宮女。

畫上的題詩便是上面那首朗朗上口的童謠。

這樣的年畫和童謠早已離我們的生活遠去，但有一個習俗卻一直保持至今，且廣為流傳。那就是各地人們認同的「二月二，龍抬頭」這天，一定要理髮。

是的，「二月二」人們講究理髮，認為龍抬頭之日理髮是「剃龍頭」，就是為了討個吉利。民間的習俗中另外還有禁忌，就是正月不理髮，理髮會給親舅舅帶來災難，輕者破財受傷，重者有性命之虞。有民謠說：「正月不剃頭，剃頭死舅舅。」實際是從臘月準備過年理髮後，到現在已一個多月，剛出了正月，人們紛紛趕在「龍抬頭」這天理髮，是想沾點龍抬頭的好運氣。

實際上是春天來了，萬物生長，人們理髮後神清氣爽，顯得特別精神。因此，「二月二」理髮的習俗頗流行。

每年的「二月二」總在驚蟄前後幾天，除了上述「二月二」的理髮，驚蟄節還有一個關於吃的習俗——

那就是驚蟄要吃梨。民間關於「驚蟄吃梨」的習俗源自這樣的傳說：說是聞名海內的晉商渠家，其先祖渠濟是堯帝大兒子丹朱所封之地的上黨長子縣人，長子縣名就是因了丹朱封地而沿稱至今。

這是一個歷史底蘊厚重的「千年古縣」，上古神話「精衛填海」就源自這裡，其境內西邊發鳩山，當地百姓稱之為「西山」。就是在這樣一片厚重的土地上，晉商渠家先祖渠濟，在明代洪武初年帶著渠信、渠義兩個兒子，用潞州所產的潞麻與梨倒換晉中祁縣一帶的粗布、紅棗，往返於晉東南與晉中兩地間從中營利，久而久之有了積蓄，便在晉中祁縣城定居下來。清雍正年間，十四世渠百川走西口，正逢驚蟄之日，其父拿出梨讓他吃，然後囑咐他說，先祖販梨創業，歷經艱辛，定居祁縣，今日驚蟄你要走西口，吃梨就是叫你不忘先祖，努力創業光宗耀祖。從此，渠百川走西口經商致富，將開設的商號取名「長源厚」。晉商中歷代走西口頗多，後來那些走西口者也仿效吃梨，多有「離家創業」之意，再後來驚蟄日吃梨，亦有「努力榮祖」之念。

驚蟄日吃梨還有一種說法，就是「梨」與「犁」同音，透過吃梨，寓意提醒人們春天來了，要適時開犁春耕播種。「微雨眾卉新，一雷驚蟄始。田家幾日閒，耕種從此起」。在大好春光裡，人們開始農作，驚蟄通常是春耕的開始，正如諺語說的，「驚蟄一犁土，春分地氣通」。

演變到後來，民間關於「驚蟄吃梨」早已淡化了原來的含意，而成為了一種順應時節講究養生的生活保健。

及至現在，驚蟄吃梨的傳統，就像立春那一天要吃蘿蔔一樣，早已成為一種養生民俗。記得小時候老人們說，春天到了，這時候乍暖還寒，天氣又燥，吃點梨，降降火氣。過去晉東南一帶最有名的梨是高平梨，就是人們說的笨梨。那種梨存放一冬，到春節後驚蟄期間食用最好不過，特別是整個梨變黑變軟的那種，那樣的梨不是壞了，而是在存放過程中產生了質變，酸甜多汁，吃下去更加潤燥降火氣。遺憾的是，那樣的笨梨品種幾乎絕跡，再也吃不到了。

但無論如何，從中醫養生的角度講，驚蟄吃梨是有其科學道理的。

從冬至節日開始的數九，到驚蟄節氣便是「九」盡了。正是「九盡楊花開，農事一起來」的時節，因此，在歌謠中人們這樣唱道：「九九加一九，耕牛遍地走。」驚蟄的一聲春雷，喚醒了沉睡的大地，令廣大的鄉間都忙碌起來了，從此鳥語花香，五彩紛呈，這怎麼能不讓人欣喜若狂！

驚蟄，是上天叫醒大地萬物的節令啊！

它就像一柄厚實的驚堂木，時刻一到「啪」一聲，便喚醒了所有生命。試問有誰能擺這麼大的排場？是時光，是春

天！驚蟄是一年中美好時光的開場前奏，好戲還在後面呢。

大音希聲，伴著隱隱的春雷，春風正沿著河道一路走來。

大地之下神祕而熱鬧，萬物正在舒張筋骨。而湛藍的天空下，也處處生機萌動。你聽，漳澤湖畔的濕地間，成群的水鳥仰天而鳴，歡叫著又一個明媚的春天。

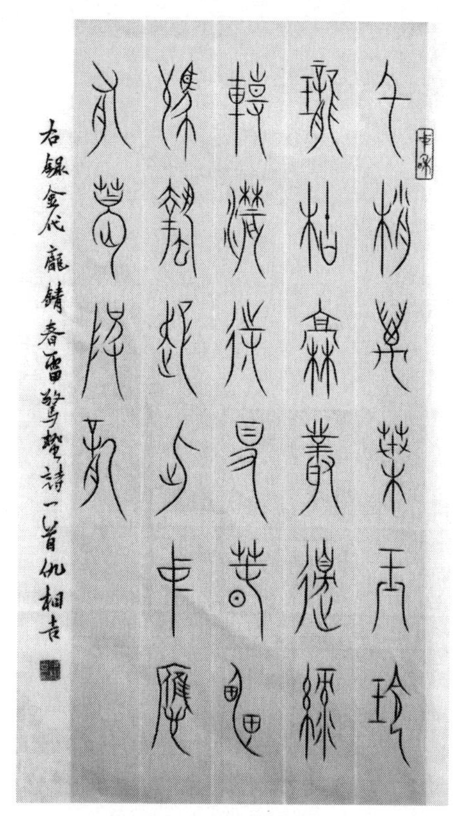

〈春雷起蟄〉龐鑄（金）

千梢萬葉玉玲瓏，枯槁叢邊綠轉濃。待得春雷驚蟄起，此中應有葛陂龍。

陰陽相半·春分

雖然經歷了「二月二」那幾天的「倒春寒」，可春分節氣還是攜著春風日夜兼程地趕來了。

春光明媚的日子，讓我們感受這個陰陽相半的春分節氣。春分日太陽位於黃經零度，故春分是個天文類節氣。

作為天文類節氣，春分有兩重含義，一是這天太陽光直射赤道，世界各地晝夜時間相等。另外一重含義是，古時以立春至立夏為春季，春分正當春季三個月之中，平分了春季。掐指算來，從二月四日立春，到三月二十日交春分節，轉眼間已過了四十五天，恰恰是整個春天九十天的一半，春分之名真是再副實不過了。

由此看來，春分既指春之半，也含著晝夜等長的意思。這一點古人也知道，講究天人感應的漢朝董仲舒在《春秋繁露》一書裡講:「春分者，陰陽相半也，故晝夜均而寒暑平。」自古俗諺也說:「春分秋分，晝夜平分。」民間百姓說得更明白，只不過沒有董夫子斯文罷了。

中國古代把春分分成三候:「一候玄鳥至；二候雷乃發聲；三候始電。」這是說春分後，玄鳥歸來。玄鳥何物？眾說紛紜，更多的人說是元鳥，元鳥是指燕子。就是說，春分時節燕子從南方飛回來了，下雨時天空會出現雷聲並發出閃電。古人不像現在的人，生存在五光十色、眼花撩亂的社會

之中，那時的一切都很簡單。與生存最密切的，莫過於大自然。人們首先感到的，是寒暑的變化，雨雪的降臨，季節的更替，以及草木的榮枯，鳥獸的藏露……所以古人感受的首先是自然物候，這一切的變化就從「晝夜均而寒暑平」的春分日開始。經過一冬的枯寂，燕子回歸，雷電復至，微風徐來天明豔，柳漾花訊春意鬧。眼下，春正用盡全力趕路呢！

在漫長的農耕社會，春分節氣顯得尤為重要。由於二十四節氣與農業、大自然密切相關，人們對一些節氣便賦予某種祭祀意義，這種對大自然之神的祭祀，帶有原始自然崇拜的色彩。史書記載，周朝便有春分日「祭日於壇」的儀式。從那時起，春分「朝日」儀式就一代代傳承下來。清人潘榮陛在《帝京歲時紀勝》中便有這樣的記載：「春分祭日，秋分祭月，乃國之大典，士民不得擅祀。」明、清時代的朝日場所在北京城外東郊的日壇，朝日時間定在春分的卯刻，每隔一年由皇帝親自祭祀，其餘的年歲由官員代祭。

既然春分日如此重要，民間自然也有許多講究和風俗。比如酬神演戲。春分前後是春社日，舊時，官府及民間都要祭社神祈求豐年。社神就是土地神。過去不論大小鄉村，村中心都建有社坊，供奉土地神，一般情況下村中街道和各家房屋都是圍繞著社坊向四面延展。那是農耕時代裡一個村落聚集的中心，也是祈求護佑的神祇之地。村中但凡有敬神娛人大小熱鬧，都會在社坊院開展。比如元宵節，許多村莊都要鬧社火、演社戲，而在這些紅火之前，要有一個祭祀社神儀式。人們在敬神娛人的熱鬧中，祈求風調雨順五穀豐登。這一切就如春分前後的演戲酬神一樣，都被稱為社戲。說到社戲，大家一定還有印象，魯迅的小說〈社戲〉中在趙莊看戲的情節，描寫的就是春社日前後看社戲這件事。

時至今日，在一些鄉村，尤其是偏遠鄉村仍沿襲在社坊院看社戲的風俗。

一年勞作的農人們，能安心地在社坊院看一場大戲，那真是一種莫大的享受。鑼鼓管弦的伴奏，響遏行雲的唱腔，這些從大地上生長起來的原生態腔調，是對被節氣追趕、難得偷閒的鄉親們的最好慰藉……每當最後一聲戲腔帶著他們的祈禱在天地間迴盪，鄉親們會帶著滿足、帶著對土地的感恩，毫不猶豫地站起身，投入到又一個四季輪迴的農耕之中。

無論皇帝親自主持的「國之大典」，還是鄉間民俗的演戲酬神，除了這些莊嚴的祭祀活動，在民間日常生活中，春分節氣最具娛樂色彩的民俗活動就數令無數大人和孩子們樂此不疲的立春蛋和放風箏。

據史料記載，「春分立蛋」的傳統起源於四千年前，人們以此慶祝春天的來臨。傳說，春分這大最容易把雞蛋立起來。因此，每到春分日，各地玩立蛋的活動煞是熱鬧，很多地方還會舉行立蛋比賽，成了民間一個非常有趣的民俗現象。

有人認為這裡面有科學道理：春分是南北半球晝夜都一樣長的日子，地球地軸與地球繞太陽公轉的軌道平面處於一種力的相對平衡狀態，有利於立蛋。

這種說法聽起來似乎有道理。

可我不由得想起了多年前的一件事情：二〇〇五年九月十四日，美國人布萊恩在澳洲墨爾本打破了一項金氏世界紀錄：用十二小時立起了四百三十九個雞蛋。而那天並不是春分。看來，立蛋與「晝夜均」的春分也不大相干，使雞蛋站立起來的因素應該是地球引力。

但不論如何，春分玩立蛋，已經成為一項很有趣味性的民俗活動，人們以這樣一種方式祈望自己一年順利如意，心想事成。

比春分立蛋更為普及的是另一項人人喜歡的民俗活動，那就是放風箏。蟄伏了一個冬天的人們，尤其是孩子們，哪還能按捺住走出戶外的急迫心情，早已將一顆滿懷期待的心隨著各式各樣的風箏紙鳶，在萬里晴空中自由地放飛！

你看，城市廣場、郊外空地的上空，正是鳶飛滿天，早已是一幅融融春意的民俗風情畫。

這樣的圖景，讓人想起清人高鼎〈村居〉詩：「草長鶯飛二月天，拂堤楊柳醉春煙。兒童散學歸來早，忙趁東風放紙鳶。」這首詩說的就是春分時節放風箏的民俗活動。寫到這裡，我想提及同是清代的另一位詩人萬國寧。這位沒有任何功名的「諸生」，淡泊名利，遊歷頗多，志趣多在山川田園，《潞安詩鈔》中收錄萬國寧的詩最多，達一百五十餘首。其中他寫的〈春日晚歸書所見〉一詩，與高鼎的這首〈村居〉詩一樣，描寫了兒童們怕春天走遠，趕快趁著東風放飛風箏的急迫心情：「古樹鴉啼薄暮天，尋芳客過小橋邊。兒童也怕春歸去，恰趁東風放紙鳶。」兩個人的詩都描繪了早春時節，天地間飄蕩著的歡快童趣。兒童正處在人生早春，每逢春分時節走出家門，在原野裡、藍天下爭相放飛，使春天愈發煥發出勃勃的生機。

古今習俗一脈傳承，所不同的是現在式樣繁多的風箏隨時隨地可以花錢買來玩耍，但卻少了一份親手製作的樂趣。

想起小時候，沒錢買也無處買風箏，每到這個季節，都是自己動手做：家裡用壞的竹簾、幾張麻紙、一撮細線、再用少許白麵做點糨糊……旁邊的朋友們嘰嘰喳喳爭論不休，製作的過程充滿了童趣和歡樂。然後到野外把自己親手做的風箏放飛上天，那顆不安分的心也早已跟隨著融入藍天。一線在手，抬頭仰視，風箏乘風高飛，隨風上下，飄忽不定。

朋友們手牽線繩，來回跑動得滿頭大汗。大家還會比誰的風箏飛得高，誰的風箏做得好……此情此景，令人回味。

時至今日，人們雖然很少再動手自己做風箏，但這項民俗活動對身心的好處卻是人人盡知。「春日放鳶，引線而上，令小兒張口而視，可以泄內熱」。這是宋人李石在《續博物誌》提出的放風箏養生原理。

春分時節，除了上述的民俗活動，古時的春分日對特定的行業也是個重要日子。比如制秤校秤的行當。記得我當知青插隊時，每逢春分時節，便有匠人走村串戶來校秤、制秤。村裡有些家戶製作的是十幾二十斤的小桿秤，富貴人家大一點則是上百斤的大桿秤。那時對匠人在春分日來制秤校秤，並不明白其中含意。只記得制好秤後，匠人會當著主家和圍觀者的面，手提秤繩，將秤砣撥在「定盤星」位置，秤桿就會呈水平狀懸在空中 —— 公平在此！多年後，才看到春分日製秤的由來：古人選擇春分秋分時節制秤校秤，因為這時「晝夜均而寒暑平」，氣溫適中，晝夜溫差小，校正度量衡器具不會受溫度變化的影響。制秤的匠人選擇春分日開工，以示公心做事，無愧天地。如今這樣的情形是難得一見了，但公平交易，誠信做事的道理我們卻要時時謹記！

春分節氣一到，天氣就逐漸穩定了。而對於農民和農事來說，便是千金難買一刻春了。春分時節，小麥拔節、油菜花香……正如俗諺說「春分麥起身，一刻值千金」，在遼闊的田野上，大地復甦，春耕在即，農民已經大忙起來了！

像一切事物一樣，晝和夜的平衡也只是暫時的。春分過後，太陽日照一天天長了起來，氣溫升高，百花隨之陸續開放，金黃串串是迎春，粉紅瓣瓣是玉蘭，杏花開過是桃花，桃花過後梨花開……農曆二月是杏月，也稱花月。古時民間有所謂的「花朝節」，在二月十二或十五，以慶祝百花的生日——我們的先人多麼有情懷，為裝扮了整個春天的百花過生日，又是多麼的富有詩意！

眼前，春風吹暖大地，在廣闊的鄉野間，那漫山的花兒正三五成群的結伴而來，讓我們打開大門、敞開心扉，趕快迎接這肆意喧鬧的姹紫嫣紅吧！

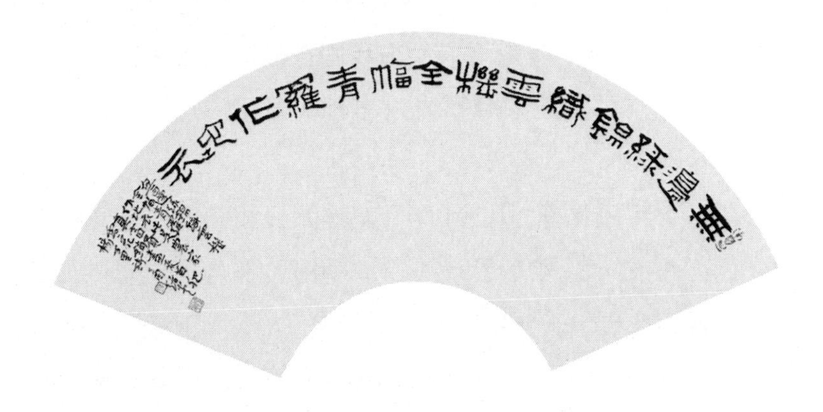

〈麥田〉（宋）楊萬里

無邊綠錦織雲機，全幅青羅作地衣。此是農家真富貴，雪花銷盡麥苗肥。

詩的節日・清明

「清明時節雨紛紛，路上行人欲斷魂。

借問酒家何處有？牧童遙指杏花村。」

唐人杜牧的這場清明小雨，就這樣下了上千年，讓後世的人們在這個追思先人的節日裡也斷魂了上千年！

四月二日夜間和三日清晨的綿綿細雨，正應了杜牧這首有名的詩。

清明給人的第一印象就是為亡故的親人掃墓，而且，這一天應該總是下雨才能應景應時。下著的，也總該是那種沾衣欲濕的「杏花雨」……

白日才見春景明，夜間便聞愁雨聲。上天總是出人意料地給人間安排難以想像的時光演出——前幾日的「桃花雪」和這兩天的「杏花雨」，讓我們在清明時節追思親人之際，也於日常生活之中體察光陰變幻，感受一份別樣的時光之美。

在二十四節氣裡，唯獨清明兼具節日和節氣的意義。這個充滿著懷念、引發人們詩興的清明節，在歲歲年年的四季輪迴中就這樣再一次光臨。

古往今來，清明，這個唯一演變成節日的節氣，觸動了多少人的詩心，因而被吟詠的最多。據說，曾有人查閱《全唐詩》和《全宋詞》，其詩詞中涉及清明、寒食字樣的唐詩有三百三十五首，而宋詞更是多達五百二十首。清明，當之無愧地成了一個詩的節日。也正因如此，在二十四節氣裡，它最富大自然和人的雙重情感意義。

在這清潔明淨的春天，面對掃墓祭祖、踏青賞花的日子，誰的詩心不被撩撥？千百年來，寫清明的詩那麼多，一遍遍讀來，清明的詩沒有矯揉、沒有造作，提筆便是直抒胸臆。

「滿街楊柳綠絲煙，畫出清明二月天。」
「梨花淡白柳深青，柳絮飛時花滿城。」
「春城無處不飛花，寒食東風御柳斜。」
……

作為節氣的清明，自有陶醉人之處。誠如《歲時百問》所說：「萬物生長此時，皆清潔而明淨，故謂之清明。」春天，從立春萌動，到清明，過了整整兩個月，春色已經濃豔起來，此時節，就好比一個少女已由荳蔻年華，長成為二八佳人，既含蓄溫順，又生動活潑，充分展示出這時的美麗和魅力。

有如此良辰美景，人們自然爭相去尋探，於是形成了踏春之風。

踏春也叫踏青，此俗由來已久。約從唐代開始，人們在清明掃墓的同時，就伴之以踏青遊樂。

踏青是清明節掃墓之外的另一個主題，到清明這天，家人或朋友們三三兩兩去郊外踏青，大家在草地圍坐飲宴。宋代吳唯信的〈蘇堤清明即事〉就寫出了這一景象：

梨花風起正清明，遊子尋春半出城。
日暮笙歌收拾去，萬株楊柳屬流鶯。

春遊之風俗，至今日也有增無減。清明除了踏青春遊，還有種種有趣的遊樂活動：婦女們盪鞦韆，男人們鬥雞、踢球，孩子們放風箏，玩累了就地野餐。清明插柳，也是廣為流傳的風俗，過去在清明這天，要清理溝渠，在水井周圍插上柳條，寓意「井井有條」，此習到明清時漸漸演變為「植樹節」。

民間還說，「清明不戴柳，紅顏變皓首」，「清明去踏青，不害腳疼病」。想起小時候，每逢清明時節，一幫朋友，用嫩嫩的柳條搓一個柳笛吹響在春天裡，再用折下的柳枝編個柳條圈戴在頭頂，學著電影裡的好人、壞人開始打仗，摸爬滾打，玩得不亦樂乎，為萬物萌發的春天憑添了許多熱鬧。

風俗流變，雖然一些親近自然的習俗和玩法逐漸消失或者慢慢演化，但時至今日，清明節祭祖掃墓這個核心始終得以傳承。

古時，清明節前後，有寒食節和上巳節。上巳節，俗稱三月三，相傳三月三是黃帝的誕辰，中原地區自古有「二月二，龍抬頭；三月三，生軒轅」的說法。

傳統的上巳節在農曆三月的第一個巳日，也是祓禊的日子，即春浴日。所謂祓禊，是古代中國民間於春秋兩季，在水濱舉行祓除不祥的祭禮習俗。有沐浴、採蘭、嬉遊、飲酒等活動。《論語》有載：「暮春者，春服既成，冠者五六人，童子六七人，浴乎沂，風乎舞雩，詠而歸。」就是寫的當時的情形。

到了魏晉時代，上巳節逐漸演化為皇室貴族、公卿大臣、文人雅士們臨水宴飲的節日，並由此而派生出上巳節的另外一項重要習俗「曲水流觴」——眾人坐於環曲的水邊，把盛著酒的觴置於流水之上，任其順流漂下，停在誰面前，誰就要將杯中酒一飲而下，並賦詩一首，否則罰酒三杯。魏明帝曾專門建了一個流杯亭，東晉海西公也在建康鐘山立流杯曲水。梁劉孝綽〈三日侍華光殿曲水宴〉詩曰：「羽觴環階轉，清瀾傍席疏。」

歷史上最著名的一次「曲水流觴」活動要算「永和九年，歲在癸丑，暮春之初」的文人雅集了。這個上巳節，時任右將軍、會稽內史的王羲之與謝安、孫綽等四十二人，在蘭亭修禊後，舉行飲酒賦詩的「曲水流觴」活動，大家論文賞景，興致勃勃，一場「酒事」下來，共作詩三十七首，其中有十一人各成詩兩篇，十五人各成詩一篇，十六人作不出

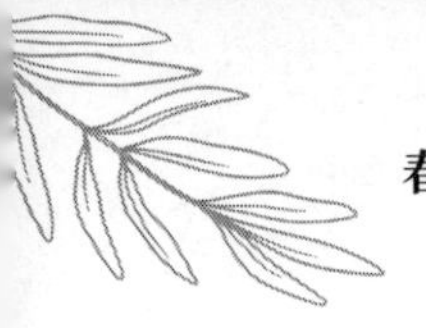

詩，各罰酒三觥。酒酣斗熱之際，大書法家王羲之將大家的詩集起來，用蠶繭紙，鼠須筆揮毫作序，乘興而書，一氣呵成，成就了書文俱佳、舉世聞名、被後人讚譽為「天下第一行書」的〈蘭亭集序〉。歷代的人們也因此記住了這個文雅浪漫的上巳節，也永遠記住了這場聲勢浩大而且貫穿了其後漫長歲月的「酒事」。

三月三上巳節與九月九重陽節相對應，正如漢時《西京雜記》中稱：「三月上巳，九月重陽，使女遊戲，就此祓禊登高。」一個在暮春，一個在暮秋，踏青和辭青也隨著時光流轉成為春秋兩季郊遊的高潮。古代上巳節也稱女兒節，是少女的成人禮。少女們「上巳春嬉」，臨水而行，在水邊遊玩採蘭。所以詩人杜甫在〈麗人行〉一詩中，提筆就描述了「三月三日天氣新，長安水邊多麗人」這一唐代上巳節的盛況。然而，隨著時光流轉，上巳節和二月十二的花朝節一樣，這個充滿著浪漫風情的節日已逐漸被人們所淡忘。

由於清明、寒食、上巳三節日期相連，甚至重疊，更由於宋代以後，禮法漸嚴，三個節日逐漸融合為清明節。

因此，清明節的內容就顯得異常豐富，其中既有清明祭墓的主要風俗活動，又有寒食戒火、冷食的飲食習俗，也有上巳踏青遊樂的活動內容，而且在農事上更是一個重要的節氣。清明節在二十四節氣中之所以顯得特殊，被世人看重，其原因就在於它是一個多元的、複合性的節日，其中沉澱了自古以來承傳下來的豐富而多彩的民俗內容。

寒食節雖然消失了，但我們不妨了解一下這個節日的來歷。寒食節被認為與火燒介之推有關。介之推是隨著晉公子重耳逃亡的功臣，歷經磨難輔佐他，曾「割股啖君」有恩於公子重耳。回國之後，重耳做了國君，成為晉文公，介之推因為不願與小人為伍，躲進綿山。晉文公放火逼他出來。不料，他寧被燒死，也不肯出山為官，死前曾留下一首血詩：「割肉奉君盡丹心，但願主公常清明。柳下作鬼終不見，強似伴君作諫臣。倘若主公心有我，憶我之時常自省。臣在九泉心無愧，勤政清明復清明。」這首詩且不論究竟是否為介之推所作，今天讀來，依然令人深思。介之推死後，每年的這一天，人們為紀念介之推不忍生火並吃冷食，故稱之為寒食節。

寒食節與清明靠得很近，在冬至後第一百零五天，推算下來，就是清明節氣前一兩天為寒食節。演變後二節合為一節，大致到了唐代，寒食節與清明節合而為一。還有一種說法，甚至將這個傳說變成了清明節的源起。

漢朝時，作為晉國之地的山西，寒食禁火要長達一個月。然而，在過去醫療條件落後的情況下，長時間冷食，容易致病甚至死人，所以漢代以後的歷代守土官和帝王，比如

周舉、曹操，還有長治武鄉起家的後趙皇帝石勒等人曾分別頒布政令禁斷此俗。禁斷力度最大的當數三國時期的曹操，他曾下令取消寒食這個習俗。《陰罰令》中曾記載有這樣的話：「聞太原、上黨、雁門冬至後百五日皆絕火寒食，云為之推……令到人不得寒食。犯者，家長半歲刑，主吏百日刑，令長奪一月俸。」三國歸晉以後，由於與春秋時晉國的「晉」同音同字，因而對晉地掌故特別垂青，紀念介之推的禁火寒食習俗又恢復起來。不過時間縮短為三天。再後來逐漸演變成為一天，時間就在清明節的前一天。晉地的這一純厚風俗，經過民間的長久演繹，寒食節紀念介之推的說法也不斷發揚光大，寒食節禁火寒食成了各地的共同風俗習慣。山西介休綿山一直被譽為「中國寒食清明文化之鄉」，直到今日，每年都舉行聲勢浩大的寒食清明祭祀活動。

這樣的祭祀活動也是人們感應春天的開始。春天是需要品味的，清明時令飲食正是我們對春的味道的體驗。清明兼容了古代寒食節俗，許多寒食節日的美食透過清明節保留下來。傳統有「饞婦思寒食」之說。寒食燕、清明團、清明飯、清明茶等都是清明節日的佳品。而寒食燕則是山西地方寒食、清明時特有的節令食品，它用棗泥與麵粉調和，捏成燕子形狀，也稱之推燕，表示紀念晉國先賢介之推。當然，各地均有不同特色的清明吃食，這裡就不一一介紹了。

三春之景正絢爛。而作為節日的清明，偏是個緬懷追思的節候。

清明祭祖掃墓習俗的代代傳承，與人們不忘根本、感恩親人、追思先賢有關。

明代劉侗《帝京景物略》記載：「三月清明日，男女掃墓，擔提尊榼，轎馬後掛楮錠，粲粲然滿道也。拜者、酹者、哭者、為墓除草添土者，焚楮錠次，以紙錢置墳頭」。

晉地距「帝京」不遠，又同處北方，習俗相差無幾。清明上墳也是長治地區的傳統民俗，俗稱「燒紙」。舊時上墳要帶的食品除酒肉外，有一些固定的食品，同時還有蒸食，寓意家族蒸蒸日上。

現在物質豐富，供品花樣多多，準備時也考慮親人生前喜愛的吃食。

上墳前要清除雜草，鏟新土壓墳頂。這個習俗至今在長治域內各地鄉間均有保留，就是清明上墳帶著鐵鍬，每人都往墳上培三鍬新土，以示後代子孫已盡孝祭祖，同時亦寓意祖宗保佑全家平安、興旺發達。之後在墳頭壓一塊黃紙，然後在墓前燃香，設供，滴酒，叩頭……整個儀式結束後家人們聚在墳前一起食用供品。

掃墓完畢，人們會在田間野外，捎帶挖拾野菜，在踏青的同時，也有了新的收穫。將鮮嫩的薺菜、蒲公英和新出芽

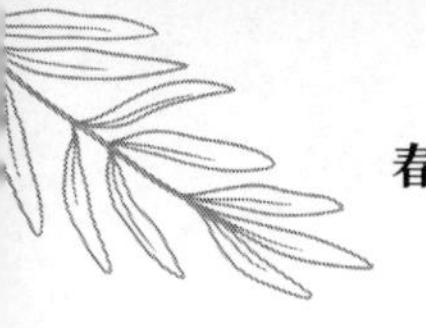

的香椿等，採回家涼拌嘗鮮。

如今城裡人，大都在公墓祭祖，這些代代傳承的清明習俗也在不經意間漸行漸遠。隨著生活條件的提高、物質的極大豐富以及科學技術的發達，代之而起的是一些時新、文明的祭祀方式，比如用鮮花祭祀，比如線上祭祀……但不管何種方式，人們心中的追思和詩意並不會消失，因為清明本就是一個詩的節日啊！

寫到這裡，想起了自己的一樁清明往事。

一九八二年的清明節，我和弟弟去壺口祭奠父親。

當時我捧著父親的骨灰盒，想到我們兄弟倆在病榻前盡孝兩年也沒能挽留住父親……。我和弟弟都還小，還沒有完全從人生劫難中走出來的小兄弟會面臨多少生活中的未知？不禁悲從中來，在曠野裡號啕大哭！

淚眼婆娑中，我從衣服裡摸出一個空煙盒，隨手在香菸紙上寫下這樣幾句：

踏青東門去，掃墓壺口來。
泣聲驚四野，淚水傾兩腮。
紙灰隨風散，悲情動地哀。
陰陽兩相憶，顧念總傷懷。

我知道，這不能算詩，但我是一個有血有肉有感情的兒子，在清明節這樣一個特殊的日子，我想以這樣一種方式跟在九泉之下的父親訴說啊！

每逢佳節倍思親。清明悼念亡故親人的悲哀，有多少化作感人的詩篇。

清明的人心，清明的詩，一半喜悅，一半哀傷，形成獨特的詩心。宋代詩人高翥在〈清明日對酒〉詩中寫道：

南北山頭多墓田，清明祭掃各紛然。
紙灰飛作白蝴蝶，淚血染成紅杜鵑。
日落狐狸眠塚上，夜歸兒女笑燈前。
人生有酒須當醉，一滴何曾到九泉。

詩的最後兩句，未免太消沉了些。其實，人生總是有悲有歡，有悲而能奮起，當悲則悲，當樂則樂，這才是健康的人生。由此，歡樂自然也就成了人的主調。

慎終追遠是清明節的文化精神。我們利用清明時節，追思祖先業績，提倡家庭、社會對先輩歷史的尊重，保持對先人的敬畏之心與感恩之心。在人心躁動的現代社會，清明節更有著特殊的意義，它能夠給人一個理性、冷靜思考人生的機會。

是啊，源遠流長的風俗，不僅孕育了醇厚的「清明詩詞」，釀就了偉大的「清明文化」，也構建了一方讓我們緬懷先人、溝融血脈的精神家園。

〈春水舫殘稿〉介石（清）

桃花雨過菜花香，隔岸垂楊綠粉牆。斜日小樓棲燕子，清明風景好思量。

生穀潤花・穀雨

穀雨，是春天的最後一個節氣。從立春到穀雨，整個春天的六個節氣，穀雨便是春之尾了。時光經過了孟春、仲春，在日漸濕潤、百花爭豔的節候中，走到了季春。

作為三春裡的最後一個節氣，穀雨這個春尾收的十分爛漫 —— 一簇簇姹紫嫣紅的花們在時光的舞臺上次第綻放表演，使得春色愈發撩人。而在穀雨節氣裡，花王牡丹在百花的喧鬧後才遲遲登場，雍容華貴，盡情怒放，上演了深春裡的壓軸大戲！牡丹雅號「穀雨花」，這位花王，年年穀雨時節，當令盛開。牡丹和繼之而後的芍藥聲勢浩大的開放，更令人有一種春深似海的感覺。

百花喧鬧穀雨來。穀雨這個名字，一看就是表示氣候的。但它與雨水節氣又不同。雨水是說「春雨將至」，而穀雨，將雨和穀連繫了起來，一定是與農耕稼穡密切關聯。按照古人的解釋，是「雨生百穀」之意。《孝經緯》說：「清明後十五日，斗指辰為穀雨，言雨生百穀。」

二十四節氣之名，細想一下可以看出，沒有一個是隨意得來，全是古人千百年來經驗的結晶。穀雨之名的由來亦是如此。讓我們回想一下，每年春季經歷的幾個節氣是不是這樣的情況：立春之後，天氣總是反反覆覆，乍暖還寒，乍寒還暖，雖有「倒春寒」，可春風吹愈暖……清明一過，氣候便穩定下來，穀雨一到，氣溫也快速升高。

穀雨時節，在廣袤的田野上，另一場大戲也在開演，那就是忙碌而有序的春播春耕。《月令七十二候集解》中說：「自雨水後，土膏脈動，今又雨其穀於水也……蓋穀以此時播種，自上而下也。」

氣候溫暖而濕潤，降雨逐漸多了起來。農事不等人，這個時節，稻麥嫩綠，油菜金黃，大地如畫；冬小麥正孕穗、抽穗；玉米、穀子、棉花、瓜豆等一些春播作物趕著節令下種，上足了肥存足了力蓄足了溫的大地正等著籽粒到來而催生。這緊要的播種穀禾時節，怎麼能少了「貴如油」的春雨呢！「雨生百穀」，地裡的冬小麥和剛剛春播的農作物特別需要雨水的滋潤，只有天上下雨，地上的百穀才能生長。然而在北方，穀雨節氣往往多風少雨，人們祈盼著穀雨節氣能夠多多下雨，有雨，百穀豐收就有望啊！

古代將穀雨分為三候：「一候萍始生；二候鳴鳩拂其羽；三候為戴勝降於桑。」這是說穀雨後因降雨量增多，水面的浮萍開始生長，接著布穀鳥振翅飛翔，婉轉鳴叫，開始提醒人們播種，然後是在桑樹上開始見到戴勝鳥了。每當聽到山間樹梢上「布穀、布穀」的鳥叫聲，就知道，春播大忙就要開始了。

說起布穀鳥人們都熟悉，可說起戴勝鳥大多數人也許有點陌生。

「戴勝，一名戴鵀。《爾雅》注曰，頭上有勝毛，此時恆在於桑，蓋蠶將生之候矣。」戴勝鳥，體長近尺，通體黃褐色的羽毛配著黑白相間的橫羽紋，嘴細長而略下彎，它最醒目的是頭頂上黃褐黑白的羽冠，就像古人戴的頭冠裝飾，煞是好看。「勝」是古人頭上的一種漂亮飾物，古人覺得此鳥「如人戴勝」，因此而命為戴勝鳥。我少年時曾經有過一次與戴勝鳥的零距離接觸。

記得有一次，與一個朋友上山砍柴，在一列數十丈高的絕壁間，看到有翅膀張開如花蒲扇的戴勝鳥從一個小隙洞中出入，我們充滿好奇，決定冒險攀爬上去掏鳥。當時此鳥在鄉間被喚作臊哼咕，究竟因何叫這名字並不清楚。待我們爬到懸崖上，伸手去小隙洞裡捉那只正在孵蛋的鳥兒時，一股難聞的氣味在面前瀰散。反覆幾次，只要伸手進去捉鳥，那股臊氣便會撲面而來，令人難以呼吸……最後只得放棄。

事後，我才慢慢知曉，此鳥身上散發的難聞臊氣恰恰是一種遇到危險本能的自我保護！就如壁虎、蜥蜴可以斷尾而逃生一樣。雖然掏鳥沒成功，但我卻明白了為什麼鄉間稱此鳥為臊哱咕。那年月，儘管還沒有保護鳥類、維護生態的說法，但我還是想在這裡說一句：

「請大家原諒一個少年頑童的無知行為！」

多年以後，我不僅知道了臊哱咕就是戴勝鳥，而且還讀到了許多古人對戴勝鳥的讚美，其中唐人王建的〈戴勝詞〉印象最深刻：「戴勝誰與爾為名，木中作窠牆上鳴。聲聲催我急種穀，人家向田不歸宿。紫冠采采褐羽斑，銜得蜻蜓飛過屋。可憐白鷺滿綠池，不如戴勝知天時。」戴勝鳥雙飛雙棲，叫聲委婉，在民間，戴勝鳥象徵著祥和、美滿和快樂。因此，詩人賈島也有詩稱頌戴勝鳥：「星點花冠道士衣，紫陽宮女化身飛。能傳世上春消息，若到蓬山莫放歸。」

戴勝來，春歸也。的確，戴勝鳥不僅「知天時」、「能傳世上春消息」，它還在穀雨時節不知疲倦地告訴循時序勞作的人們「聲聲催我急種穀」啊！

同許多節日、節氣一樣，穀雨節各地民間也有著許多不

同的講究和禁忌。穀雨以後氣溫升高，蟲害進入高繁殖期。過去民間流行禁五毒的習俗，其中禁蠍子便是一種。在晉東南地區一些鄉間，每到穀雨期間，家家有用草木灰在房前屋後牆腳灑灰道的習俗，一邊灑一邊念念有詞，說些驅蟲納吉的話。據說此舉可減少蠍子、蜈蚣等毒蟲的侵擾。而在更多的地方，則是張貼穀雨帖。穀雨帖屬於年畫的一種，上面刻繪神雞捉蠍、天師除五毒的形象或者道教神符，有的寫有「太上老君如律令，穀雨三月中，蛇蠍永不生」，還有「穀雨三月中，老君下天空，手持七星劍，單斬蠍子精」等。

晉南的臨汾一帶，穀雨日畫張天師符貼在門上，名曰「禁蠍」。

而陝西鳳翔一帶的禁蠍咒符則更有意思，其上寫有：「穀雨三月中，蠍子逞威風。神雞叼一嘴，毒蟲化為水……」畫面中央雄雞銜蟲，爪下還有一隻大蠍子。畫上印有咒符。雄雞治蠍的說法早在民間流傳。神話小說《西遊記》第五十五回，孫悟空、豬八戒敵不過蠍子精，觀音也自知近他不得，只好讓孫悟空去請昴日星官。昴日星官本是一隻雙冠大公雞，書中描寫，昴日星官現出本相——一隻大公雞對著蠍子精叫一聲，蠍子精即時現了原形，是個琵琶大小的蠍子。大公雞再叫一聲，蠍子精渾身酥軟，死在山坡。因此，穀雨帖多以雄雞為樣。

當然，除了上述禁忌，穀雨節氣還有一些令人怡情悅性的雅趣，比如賞牡丹、品雨茶、吃桑葚、食櫻桃……在日常生活中，人們會採摘下第一茬香椿嘗鮮——「雨前香椿嫩如絲」。穀雨食椿，又名「吃春」。暮春時節，人們也許是想用食椿嘗鮮這樣一種口福，從味覺上感知即將離去的濃濃春意吧！

在文化綿延的大地上，穀雨節還有很多有意義的祭祀活動。在所有的祭祀活動中，有一個地域性極強但我們不得不知道的祭祀活動——祭文祖倉頡。

清明時節拜皇帝，穀雨來時祭倉頡。倉頡，原姓侯岡，名頡，號史皇氏，生於陝西省白水縣楊武村鳥羽山，他是原始象形文字的創造者，也是古代官吏制度及姓氏的草創人之一。

年年穀雨節，陝西白水縣有隆重祭祀倉頡的盛大廟會活動。傳說由於倉頡造字功德感天動地，玉皇大帝便賜給人間一場穀子雨，這是當地流傳的穀雨的由來。這由來也有文獻佐證。《淮南子·本經訓》中便有「昔者倉頡作書，而天雨粟」的記載。

拜文祖，感恩漢字，理應成為穀雨時節最為隆重的祭祀。

倉頡，這位黃帝的史官長相非凡，古書上說他「龍顏四目，生有睿德」。這樣的長相，讓今天的我們對這位創造了漢字的聖人，充滿了無邊的想像。當今天的人們，不管在任

何地方，都能便捷地用文字溝通交流，盡情書寫的時候，我們還能想起五千年前的情景嗎——穿越到五千多年前的某一天，走遍名山大川的倉頡席地而坐，依照星斗的曲折，山川的走勢，龜背的裂紋，鳥獸的足跡，造出了最早的象形文字。在他之前，人們一直用打結的繩子來記載事件，生活在巫術橫行、人鬼混居的混沌之中。「倉頡造字，而天雨粟，鬼夜哭」。上天為生民賀喜，降下穀子，鬼因為再不能愚弄民眾而在黑暗中哭泣。人們從此把這天叫作「穀雨」。

「四目明千秋大義，六書啟萬世維言。」時至今日，我們多麼隆重的祭祀倉頡都不為過，因為是他給我們帶來了智慧，並使文明得以延續傳承。

文字使人明理，文化用於感人。讓我們永遠記住這位「龍顏四目」、創造文字的文祖聖人。

一過穀雨，春天就要結束。一年的春事，又在匆忙間遠去。但願在穀雨期間，能有一場透雨，讓那些已經入土的種子喝足喝飽，舒展筋骨鑽出地面，裝點和造福這美好的大千世界。

再過十五天就進入了夏季，初夏快要來臨了。到那時，田野之間、大地之上，將會是一番更為明媚、濃郁的時光景象。

仇相吉　書

〈詩意穀雨〉鄭板橋（清）

不風不雨正晴和，翠竹亭亭好節柯。最愛晚涼佳客至，一壺新茗泡松蘿。

幾枝新葉蕭蕭竹，數筆橫皴淡淡山。正好清明連穀雨，一杯香茗坐其間。

夏

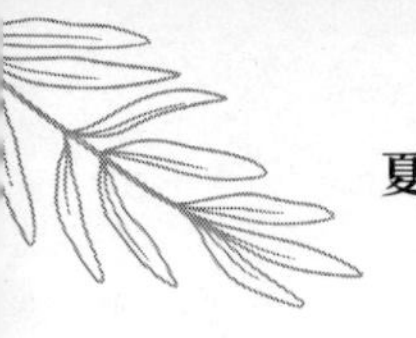

夏天來了·立夏

絢爛的春花開過了，飛天的柳絮飄過了，喧鬧了整個春季的花事正在接近尾聲，而那些春天萌生的新綠也從立夏節令開始勃發成漫山遍野的濃綠。剛剛鑽出地面的莊稼禾苗，綠油油的，舒展筋骨，情緒高漲地盡情生長，迎合著夏季來臨的熱烈時光，為人間增添殷實的年景和希望。

時光流轉，一個綠色的世界再次走到我們眼前，年復一年的夏季來臨了。

立夏節氣，古人稱：「斗指東南，維為立夏，萬物至此皆長大，故名立夏也。」這一天在天文曆法上，太陽行至黃經四十五度。有趣的是，立夏時天黑後觀察天空，會看到北斗七星的斗柄正指向東南——也是從正東算起四十五度的位置。

立夏屬於四月的節氣，稱「立夏四月節」，但立夏不一定都落在農曆四月，一般都在農曆三月下旬和四月上旬。

唐人元稹〈詠廿四氣詩·立夏四月節〉寫道：

欲知春與夏，仲呂啟朱明。
蚯蚓誰教出，王菰自合生。
簾蠶呈繭樣，林鳥哺雛聲。
漸覺雲峰好，徐徐帶雨行。

詩中的「仲呂啟朱明」一句頗有說法。「仲呂」是古代音律名。

古人認為天體運行、季節變化與音律有關係，故有「孟夏之月，律中仲呂」的說法，所以「仲呂」成了四月的代稱。而「朱明」則是夏季的別稱，所以「仲呂啟朱明」即「四月開啟了夏季」之意，古人將立夏日也稱作「朱明節」。「蚯蚓誰教出，王菰自合生」出自《逸周書》：「立夏之日，螻蟈鳴。又五日，蚯蚓出。又五日，王瓜生。」

古人將立夏節氣分為三候。說的是，從立夏之日起，頭五天可聽到螻蛄在田間的鳴叫聲，又五日可看到蚯蚓掘土，再五日，已經出苗長勢旺盛的王瓜，其蔓藤開始快速攀爬生長。

的確，立夏後氣溫高，雨水也多了起來，農作物自然生長迅速，枝葉茂盛。就其本意來說，「夏天」就是萬物繁茂的季節。《月令七十二候集解》中說：「夏，假也，物至此皆假大也。」這裡的「假」，就是「大」的意思。是說這個季節「萬物並秀」，蓬勃長大。《方言》一書說得更明白：「自關而西，秦晉之間，凡物之壯大者而愛偉之，謂之夏。」立夏時節，冬小麥揚花灌漑，油菜將要成熟。春播作物玉米、大豆、穀子、高粱等相繼出苗生長。

我記得年輕時，每到穀雨末和立夏前幾天，玉米等大田作物都已全部播種完，鄉親們就該操心種穀子了。一來穀子地最好是高處的山坡旱地，這樣的土壤氣候生長的穀子特別好吃；二來搖耬種穀子是門技術，得一個種莊稼的「好把式」來種。每到立夏前幾天種穀子時，有人家有三四個搖耬種穀子的就特別吃香。耬是一種三條腿滴漏穀粒的木製農具，可同時開溝、下種。前面牲口拉著耬走，後面的人要雙手扶耬搖耬，一趟三壟，地頭循環折返，直到種完。至關重要的是，一畝地約下種三合（大概折合八兩上下），這就要求搖耬的幅度和力度要恰到好處 —— 掌握不好，不是大量浪費種子，給後續田間管理帶來麻煩，就是造成缺苗斷壟，穀苗稀疏，影響收成。我曾經跟著一個農民使用這種方法種穀子，當然，我是打雜，來牽牲口的。有幾次，他教我搖耬下種，結果是穀種像水一樣快速流完，成堆流到地壟裡，要不就是耬眼堵塞，乾脆搖不下來……那樣的時候感覺真是狼狽！由此我常常暗自感嘆：種莊稼看似簡單其實不容易啊，除了緊跟節令物候外，哪一樣技能都包含著智慧和深度！

多年以後，每當暮春時節，我就會想起當年一起農忙的鄉親們，想起春播時的種種情形。

農人跟著節令走，春播過後難得閒。這時節，夏天如期而至，田間地頭的管理又緊張有序地開始。禾苗快速生長的同時，地裡的雜草也瘋長得快，農諺說：「一天不鋤草，三天鋤不了」，因此要「立夏三天遍地鋤」。這個季節，正是「田家少閒月，五月人倍忙」啊！

由春入夏，物候日新月異，也是農業生產的關節，各項農事一起湧來。因此，以農耕為主的古代社會，人們就很重視立夏這個節氣。據《禮記·月令》記載：「立夏之日，迎夏於南郊，祭赤帝祝融。」

是說立夏這天，周天子要親率三公、九卿、大夫到都城南郊迎接夏的到來。「迎夏」儀式上，君臣一律穿朱色禮服，配朱色玉珮，連馬匹、車旗都要朱紅色的，以表達對司夏之神的敬意和對夏糧豐收的祈求。

「迎夏」為何在南郊舉行？因為古代依照金木水火土五行方位排位，南方屬火，是火神祝融的方位。在古代典籍記載中，祝融有四重身分：一是傳說中的古帝，二是神化祭拜對象，三是上古時代的火官，四是某些族群國家的祖先。《山海經》上說祝融「獸面人身，乘二龍」，居於衡山，是他傳下火種，教會人類使用火。祝融曾經打敗了共工，殺死了治水不力的鯀，可見他的確神通廣大。他還常在高山上奏起名為《九天》的樂曲，那悠揚動聽、感人肺腑的樂曲在天地間迴盪，使黎民百姓精神振奮、情緒高昂。這便是立夏日要在南郊「迎夏」祭祀的由來。

祭祀火神歸來後，天子還要行賞、封諸侯。而這個月，天子照例要出行田野，慰勞農夫，勸民勿失農時，種好莊稼。並命令司徒官去各地巡視，督促耕作。為了不妨礙農

事，還規定在孟夏之月，不得大興土木，不得徵集大批民工，不能砍伐樹林，也不能大規模打獵，甚至連審判刑戮，也放到秋天進行。有了這樣的規定，種田人更是趕著節令生活，男女老幼齊動手，辛勞至極。正像南宋詩人翁卷在〈鄉村四月〉一詩中所描寫的：

綠遍山原白滿川，子規聲裡雨如煙。
鄉村四月閒人少，才了蠶桑又插田。

如同許多節日一樣，立夏這天民間也有不少習俗和禁忌。

在小麥主產區的河南和山西省夏糧主產區的晉南一帶，認為立夏日無雨則主旱，故有農諺說：「立夏不下，犁耙高掛」、「立夏無雨，囤頭無米」。這是依據節候對糧食豐收的企盼。

而日常生活中，在民間還有立夏日稱體重和鬥蛋的習俗。

清人秦榮光〈上海縣竹枝詞〉中一首寫「立夏」風俗的詩作這麼說：「立夏稱人輕重數，秤懸梁上笑喧闐。」

立夏這天要稱體重，怎麼稱？一般來說，就是在屋梁或大樹上掛一桿大秤，不分男女老少一律過秤。過秤時雙手拉住秤鉤，兩足懸空；而小孩則坐在籮筐內或四腳朝天的凳子上，籮筐或凳子吊在秤鉤上。司秤人一邊打秤花，一邊講著吉利話。

體重增加了，叫發福；體重減了，叫消肉。據說立夏之日稱了體重後，就不怕夏季炎熱，不會消瘦，人們是希望透過稱人這個舉動添福增壽。

而鬥蛋則是孩子們最喜愛的遊戲——立夏時節，是蛋類食品的旺季，俗話說：「立夏吃了蛋，熱天不疰夏。」相傳從立夏這一天起，天氣漸漸炎熱起來，許多人特別是小孩子會有身體疲勞四肢無力的感覺，食慾減退逐漸消瘦，稱之為「疰夏」，也就是我們常常說的「苦夏」的意思。過去，在立夏日中午，家家戶戶煮好囫圇蛋（雞蛋帶殼清煮，不能破損），用冷水浸上數分鐘，手巧的母親還會編織一個彩色的網袋裝入雞蛋，掛在孩子脖子上，據說可以消除瘟疫。有的還在蛋上繪畫圖案，小孩子相互比試，稱為鬥蛋。具體玩法是：

> 蛋分兩端，尖者為頭，圓者為尾；鬥蛋時蛋頭鬥蛋頭，蛋尾擊蛋尾，一個一個鬥過去，破者認輸，最後分出高低。蛋頭勝者為第一，蛋稱大王；蛋尾勝者為第二，蛋稱小王或二王。

可能上了歲數的老輩人還有這樣的講究，就是立夏這天小孩忌坐石階。如果坐了，就要坐七級石階，才可以百病消散；同樣，也忌坐門檻，否則將招來夏天腳骨痠痛。如坐了就得再坐上六道門檻合成七數，方可解魘。過去，做母親的會擇立夏日為女兒穿耳洞，穿時要哄孩子吃茶葉蛋。吃茶葉蛋既有消除瘟疫的說法，也有轉移孩子注意力的作用，當孩子張口咬蛋時，母親會趁機一針穿過……隨著時代的變遷和風氣的流轉，一些習俗也在漸漸地消失。過去，那些特定日子裡的講究，總讓人們對天地自然、氣候節令心存敬畏。時至今日，我們還能記起多少那樣有趣的過往呢？

立夏和立春不太一樣。立春的講究更多一些，要咬春、踏春、打春牛等等，因為那是一年之始，自然要隆重些。但立夏也有吃食的講究。北方麥區立夏時有製作與食用麵食的習俗，意在慶祝小麥豐收。立夏的麵食主要有夏餅、麵餅、春捲三種。夏餅又稱麻餅，形狀各異，有狀元騎馬、觀音送子、猴子抱桃等。麵餅有甜、鹹二種，鹹麵餅的用料有肉絲、韭菜等，蘸蒜泥食用。甜麵餅則多加砂糖。春捲用精製的薄麵餅，包著炒熟的豆芽菜、韭菜、肉絲等餡料，封口處用麵粉拌蛋清黏住，然後放在熱油鍋裡炸到微黃時撈起食用。

總之，立夏的食俗，第一是嘗鮮，第二是祈福，第三是養精蓄銳，以備即將到來的麥收和「三夏」繁重的農事勞作。

春夏相連，但我們對這兩個季節卻總是有著不同的感受。如果說，春天是戴著溫情脈脈的面紗，輕手輕腳地啟簾入戶，那麼，夏天則是洋溢著活潑的熱情，大步流星地踏進人間。你看，在遼闊的田野上，一個激情似火的夏天正挾風帶雨，從蒼翠的遠山間向我們趕來，一路走過，遍地蔥蘢……

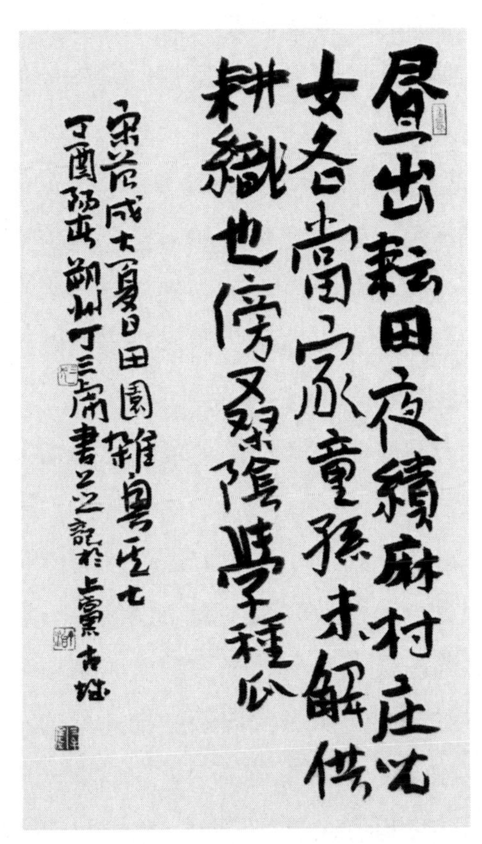

丁三虎　書

〈夏日田園雜興·其七〉范成大（宋）

晝出耘田夜績麻，村莊兒女各當家。童孫未解供耕織，也傍桑陰學種瓜。

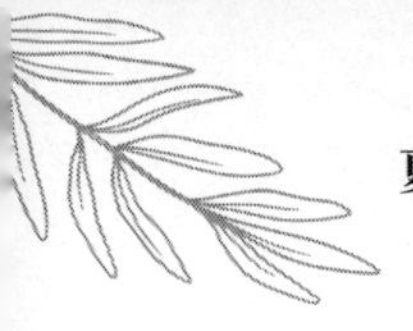

‖冬麥將熟·小滿‖

當時光從春季向著夏季進發的時候，我們不僅目光及處皆綠色，心也早已一片蔥蘢了！小滿時節，雖然花事不再繁華，但樹木生機盎然，漸漸成蔭，鳥雀在枝頭樹葉間上下翻飛鳴叫，讓這個預示著夏熟作物即將收穫的節氣，無不充滿欣欣向榮的活力。

「油菜半垂金莢果，大麥垂頭小麥黃」。的確，小滿是一個令人激動的節氣，因為它給人的希望已經實實在在地呈現於眼前：冬小麥開始灌漑飽滿，將熟未熟，密密麻麻的油菜莢裡裹著一包包的油菜籽粒……將滿未滿之時，更讓人滿懷憧憬，這真是最美好的時刻。

小滿是二十四節氣的第八個節氣，也是進入夏季的第二個節氣。

按農曆，它稱「四月中氣」，是四月的標誌。那些有經驗的農人，總會一遍遍地叮囑：有小滿的月一定是四月。這個時節，到鄉間田野走走，從綠浪翻滾的麥田裡感受時光到此的豐盈，或許能找回如古代典籍中描述過的「小得盈滿」的喜悅——麥粒看起來好像飽滿了，其實還未成熟，還沒到最飽滿的時候。想想古人真是聰明，給這時的節氣起了個恰切的名字：小滿。這個節氣名，古書上多有解釋。宋朝人馬永卿所著《懶真子錄》云：「小滿在四月中，麥之氣至此方小滿而未熟也。」明朝人郎瑛在其所著《七修類稿》一書中說：「節物至此時，小得盈滿。」《月令七十二候集解》中也這樣寫道：「四月中，小滿者，物致於此小得盈滿。」諸書所言文字略有不同，但意思一樣，都說的是冬小麥等夏熟作物籽粒開始飽滿，但還沒有完全成熟，所以叫「小滿」。而在鄉間，則流傳著「小滿小滿，麥粒漸滿」的農諺說法。不過二十四節氣裡只有「小滿」，沒有「大滿」，因為半個月後麥粒大滿，就要開鐮收割了，那個節氣叫「芒種」，因此民間又有「小滿不滿，芒種開鐮」的諺語。

寫到這裡，我們不得不佩服古人命名節氣時所蘊含的智慧和哲理。為什麼這樣說？你看，「小滿」的意思是，萬物生長，小得盈滿，還沒有全滿。可「小滿」之後，並沒有節氣叫作「大滿」，這其中的哲理耐人尋味——最老的史書《尚書》裡說：「滿招損，謙受益，時乃天道。」《易經》裡也說：「天道虧盈而益謙。」這些話包含著一樣的道理，太滿了不好。在日常生活中，我們經常聽到這樣的說法：

「哪有十全十美的事啊！」十全十美就表示「大滿」。而經驗告訴我們，往往不論大小事情，的確鮮有「大滿」的時候，「大滿」就意味著沒有了生長的空間。月滿則虧，水滿則溢，任何事都要把握好一個度，小小的滿足，便是大大的幸福。所以說，大成若缺，「小滿」便好！

古代將小滿分為三候：「初候苦菜秀；二候靡草衰；三候麥秋至。」

是說小滿節氣的十五日中，在野地裡生長的苦菜已經枝葉繁茂；那些喜陰的枝條、細軟的草類在強烈的陽光下開始枯死；而在高溫和陽光的催生下，夏糧的成熟期到了。

在等待夏糧成熟收割之前，那遍地蓬勃而生的苦菜，就成為這個時節最大的誘惑。

苦菜是我們的祖先最早食用的野菜之一。所謂「小滿之日苦菜秀」。《詩經．唐風．采苓》有言：「采苦采苦，首陽之下。」生活在《詩經》的時代，人們就在首陽山腳下採苦菜。首陽山下有很多苦菜，可是隱居在這裡的伯夷、叔齊，還是活活餓死了。他們為了明志，不食周粟，只肯採挖薇和苦菜這些野菜吃。後來，有個刻薄的女子碰到他們，嘲笑說，你們立志不吃周朝的穀物，這苦菜啊什麼的，不也是周朝的植物嗎！這兩人沒辦法，只好絕食餓死。說到吃苦菜，喜歡看戲的朋友一定知道有一齣戲《武家坡》，說的是富家千金王寶釧，為等夫君薛平貴，在寒窯內苦守十八年，沒有糧吃，就把附近田野地裡的苦菜挖盡吃光，終於等到了那個「打馬離了西涼界」的「軍爺」，觀眾最終從舞臺上盼到薛王二人重聚。

當然，這些都是關於苦菜的傳說和演繹，說明這種野菜從古到今跟我們的生活便密切相關。

「小滿食苦菜」。在過去貧困的年代，從春三月到夏糧收打之前，正是青黃不接的時候。苦熬過春季的人們，就用這些毫不起眼的野菜和樹葉填飽肚子，同時開始收拾鐮刀農具，滿懷希望地等待著小滿節氣過後的收穫。

是的，苦菜曾是人們在過往歲月裡一個季節的果腹食糧。

我對食苦菜，特別是小時候挖苦菜的情景至今記憶猶新。

苦菜三月初發，六月開花，如小小的野菊，漫山遍野都是。

若是不小心弄斷了它的莖，立即就會流出白的乳汁，自然，味道是苦的。兒時，每到這個季節，就和朋友一起手提籮筐，帶上小剷去地裡挖苦菜。苦菜根莖流出的乳白液汁經常弄在手上，風一吹兩隻小手便染成土褐色。有幾次挖苦菜時，在岩下樹上碰到野蜂，幾個不安分的朋友就壯著膽子捅蜂窩，結果被惹怒的蜂給螫了。疼痛難忍，我們就用苦菜根莖的乳白液汁塗抹在被螫處，一會兒疼痛便可緩解。

那時，只知苦菜能吃，並不了解其藥用價值。長大後，才在書本中對這種貧困年代人們充飢的野菜有了進一步的認識：苦菜營養豐富，含有人體所需要的多種維生素、礦物質、膽鹼、糖類、核黃素和甘露醇等，具有清熱、涼血和解毒的功能。《本草綱口》載：

「（苦菜）久服，安心益氣，輕身、耐老。」醫學上多用苦菜來治療熱症，過去人們還用它醒酒。

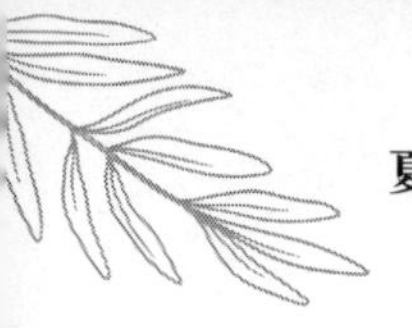

直到今天，每到小滿節氣前後，我還會和家人一起去野地裡挖苦菜、捋槐花……既嘗野味，也鍛鍊身體。整個過程樂此不疲——將採回來的苦菜、槐花焯熟，冷淘攥干，調以鹽、醋、蒜泥或辣油涼拌，清涼辣香，爽口之極。苦菜，是大自然饋贈給我們的保健食品。

以前吃苦菜是為了充飢，如今小滿時節吃苦菜，卻是為了嘗個新鮮，清除體內的積火。

說罷小滿時節有關苦菜的記憶，這裡該說說小滿節氣的農事了。

農諺說「小滿天趕天」，意思是說，小滿的時候，農民們非常繁忙。

春播已經結束，即將進入三夏大忙期間，人人都動員起來，即使在外打工的人員也得回來，做好夏收前的一切準備工作。同時還要做好給麥地點種秋季作物的工作。因為夏收和點種同時進行或者間隔不長，如果不抓緊時間，不能及時點種就會影響秋季作物的收成。

這時的忙碌準備，就是為了迎接即將到來的夏糧收割。而往往小麥即將成熟的時候又是最叫人放心不下的時候。看著田野裡綠浪翻滾的麥田，農人們的心情既喜悅又擔心：「小滿不滿，麥有一險」，這一險，就是「乾熱風」的侵害。小滿時節，正處在將熟之際的冬小麥，對高溫乾旱的反應十分敏感。如果出現「乾熱風」，就會使小麥蒸騰加快，以至於枯死，導致小麥灌溉不足不能正常成熟，造成減產。所以農諺說：「麥怕四月風，風後一場空。」因此，小滿期間，人們往往要祈禱老天能下幾場豐沛的雨，讓麥子們吃飽喝足好長得壯實飽滿。

小滿節氣，我們應該懷著感恩的心情到正在灌溉抽穗的麥田間走走，去感受「小得盈滿」的喜悅！或許還能從中感悟到人生成長的快樂！

某部小說中有個十九歲的女孩，名字叫小滿，她性格活潑，招人喜歡。

作者寫出了小滿身上那個特定時空背景的時代烙印，更突出了她的純潔和天真。我猜想，他給這個十九歲的女孩取這樣的名字，也許就是要她更充滿對愛和對新生活的渴望吧？只有這樣的年齡，才會有這樣清新的朝氣和天真的憧憬。

在文學影視作品中，喜歡用節氣給人物作名字，這裡或許隱藏著作者對民俗文化的認同和傳承。

「小滿小滿，小麥漸滿」。民謠裡這樣說，是說小滿節氣小麥灌溉飽滿，青青的麥穗初露。這時節的小麥就像青澀的少女一般，還沒到一片成熟的金黃。而人生的小滿節氣，正如文學影視作品中的人物一樣，是最富有生機和朝氣的年輕

女孩。她涉世未深，清淺如水，充滿純真和對未來的想像，或許剛剛品嚐到初戀的滋味，世界上還有比初戀更讓人覺得美好而難忘的回憶嗎？

小滿，這個節氣，如此和人生、情感交融，和心理、生理契合，這在二十四節氣裡是少見的。

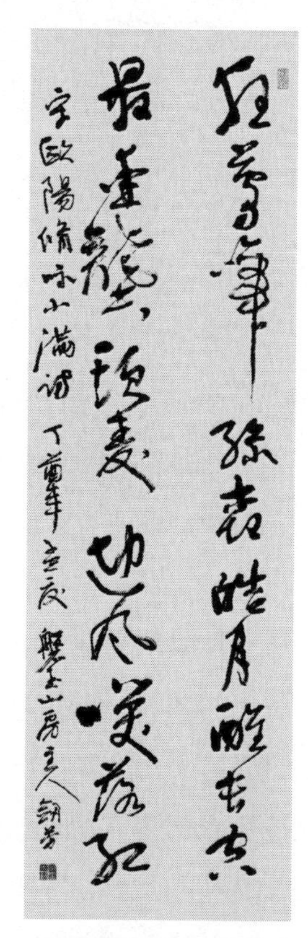

〈小滿〉歐陽脩（宋）

夜鶯啼綠柳，皓月醒長空。最愛壟頭麥，迎風笑落紅。

夏收時節・芒種

小滿節氣的最後幾天，氣候總算有點夏天的模樣了。人們就在這樣的時光中細數著一個個日子，深情地望著原野上那綠浪翻滾漸變為滿地金黃的麥田，等待著芒種節氣的到來。

芒種是個物候類節氣，在二十四節氣中排第九個。按農曆，芒種屬於五月的節氣，《月令七十二候集解》稱：「五月節，謂有芒之種穀可稼種矣。」意指大麥、小麥等有芒作物已經成熟，搶收十分急迫。芒種期間，在搶收小麥的同時，還要在收割後的麥地搶種趕茬作物，比如大豆、晚玉米……因此，「芒種」在一些鄉間，被農人們戲稱為「忙種」、「忙著種」……所以說芒種節氣是農人們搶收、搶種和田間管理最為繁忙的時候，就是我們常常說的「三夏」大忙時節。

小時候我對沿襲至今、影響農事生產的「四時八節」和二十四節氣一概懵懂，反而對吃糠、挖野菜和一年當中只有年節時才能吃到白麵這樣的鄉村生活經歷記憶深刻！後來長大了才對時序節氣有了一個淺顯的認識。

那時，人們常說：「人誤地一時，地誤人一年。」地裡的農事、鄉村的生活無不按照節氣來安排，一件趕著一件，哪敢放鬆懈怠！再後來我逐漸成長，便對這些節氣有了自己的理解，比如芒種的「芒」，指的是有芒作物，就是搶收麥子；

芒種的「種」，就是搶種作物。

一個節氣裡既包含收穫，又包含播種，這在二十四節氣中是絕無僅有的，足見芒種節氣農事之繁忙、內容之豐富。的確，一邊收割一邊播種，讓成熟和成長在同一時刻呈現，唯有芒種節氣才可以有這樣的景象！

芒種這個節氣對於農事來說極其重要。過去有俗諺一直流傳至今，叫作「春爭日，夏爭時」。這裡的夏，指的就是芒種這個既要收穫又要播種的節氣，其忙碌的程度要以「時」來計算，遠超過春季以「日」來計算的。過去還有一句諺語，叫作「芒種芒種，忙收忙種」，說的就是這個節氣的忙碌。芒種到，麥開鐮，「龍口奪食」莫遲延。這時節，人人貪黑起早，頭頂烈日搶時收打，唯恐天不作美，雷雨傾盆。那樣，到嘴的麥子就可能吃不上，一年的辛苦就白費了。

的確，小麥從播種到成熟收割太不容易了。在芒種節氣到來、小麥即將開鐮收割之際，讓我們回頭看看麥子的成長經歷 —— 在所有的莊稼中，冬小麥可謂「受盡磨難」，農人們為此付出的辛勞也最多。「白露早，寒露遲，秋分種麥正當時。」從秋分下種，過寒露，到霜降，麥苗就出土了。麥苗出土不久，就面臨著冬天的到來，要澆越冬水；接下來，立冬、小雪，要追施蓋苗肥，灌冬水;大雪、冬至要壓麥田，防止土松跑墒和凍害；如果在小寒、大寒和立春期間，下幾場厚厚的大雪，麥苗在如棉被般的雪衣下安全越冬，就再好不過了。到雨水、驚蟄，冬麥陸續返青，睡了一個冬天的小麥要起身了，這時要追返青肥；清明時，小麥開始拔節，要施拔節肥，灌拔節水；穀雨麥懷胎，立夏麥揚花，小滿麥定胎灌溉，這期間，除了適時灌溉、中耕，還要防禦病蟲害發生，防禦乾熱風侵襲；經過「九九八十一難」，到芒種小麥成熟了，還有一難，就是防禦陰雨天倒伏和爛場，直到搶收搶打顆粒歸倉，人們懸著的心才總算落地。掐指算來，從上一年的秋分下種，到來年的芒種收割，冬小麥歷經秋冬春夏，度過十八個節氣，實在不易，正如古詩所說「誰知盤中飧，粒粒皆辛苦」，一點也不誇張啊！

我們都知道白麵好吃，當我們端起飯碗時，還能想起麥子們經歷了怎樣的秋冬春夏，農人們為了有個好收成付出了多少的辛勞嗎？

之所以說這麼多，其實就是一句話：我們吃到嘴裡的每一粒糧食都來之不易！

俗話說，麥熟一晌。芒種節氣一到，原野就如梵谷畫筆揮灑出的顏色一般，遍地金黃。麥子們就如列隊的士兵，高舉麥芒迎著太陽的光芒，驕傲地等待農人的檢閱與收割。

說起芒種，我會忍不住想起我在鄉下生活的情況。每到

臨近芒種節氣，鄉間就瀰漫著一種大戰在即的氣氛。陽光熾烈的鄉間五月，沙沙的磨鐮刀聲響成一片，讓人有一種莫名的興奮。一聲「開鐮啦——」的呼喊，鄉親們就會手握鐮刀，急切地撲向金黃色的麥田，撲向自己親手侍弄成熟的麥們。人們揮舞鐮刀，呈等邊梯形狀次第收割前行，推動著一波接一波的麥浪。這時候，生有經驗的老農會站在地頭，掐下一個麥穗，在掌心裡揉搓，吹掉麥芒和麥殼，低頭細心地數著麥粒，然後一仰頭將麥粒放在口中，一邊嚼一邊報出這塊地小麥的大概產量，那滿足的神態全寫在滄桑的臉上……說實話，我對搶收小麥有著一種本能的恐懼。在鄉下生活五年，我最害怕做三種農事：割麥、間穀、鋤玉茭。就說割麥子吧，五黃六月的大熱天，曝曬在肆無忌憚的太陽下，從地頭開始揮舞鐮刀，彎腰割麥。大家依次跟著領頭人，每人收割幾壟，鐮刀翻飛間，一捧捧的麥子就整齊地躺倒在地。經常是，他們從那邊地頭收割返回，我才割麥到半路。腰痛得直不起身，汗水把眼睛刺得火辣辣的痛，即使我手忙腳亂顧不上擦汗，也死活跟不上手腳俐落的鄉親們……回頭看，我割的麥茬高低不一，丟散的麥穗也多，看著鄉親們的能力，真是無地自容。放眼望去，地中間孤零零地剩下我那往返的幾壟麥，在驕陽似火的麥田裡令人絕望！

常聽老農們念叨「龍口奪食」，是說芒種收割小麥時，跟老天搶時間，萬一遇上雷雨天，尤其是冰雹天，到嘴邊的麥子也怕吃不成。

我記得有一年搶收小麥時，由於連續幾天大雨，收割回來的小麥無法碾打，眼睜睜看著堆在麥場上泡在雨水裡。待天晴升溫後，一少半的小麥已經出芽，一年本就吃不上幾次白麵的鄉親們真是欲哭無淚。

當然，現在都是機械化了，除了交通不便的偏遠山區，絕大部分地方都是聯合收割機收割小麥，夏糧收打的時間縮短，人們再也不像以前那樣受罪了。

雖然我害怕割麥子之類的農事，曾是一個非常糟糕的農夫，但絲毫不影響對莊稼的歌唱，不影響對農民兄弟的敬愛。因為，是他們在土地上的精心播種和辛勤勞作，才有了我們的一日三餐。

上面說了那麼多小麥從播種到收割的不易，就是想提醒今天生活富足的人們，不要忘記土地，不要忘記農民，更不要浪費糧食。

接下來，我們該說說有關芒種的物候與民俗了。

古代將芒種分為三候：「一候螳螂生；二候始鳴；三候反舌無聲。」在這一節氣中，螳螂在上一年秋天產的卵破殼而出，然後快速成長，成為一個舉著兩把鋸齒形大刀的「殺手」。與其相關的成語我們都非常熟悉：「螳螂捕蟬，黃雀在

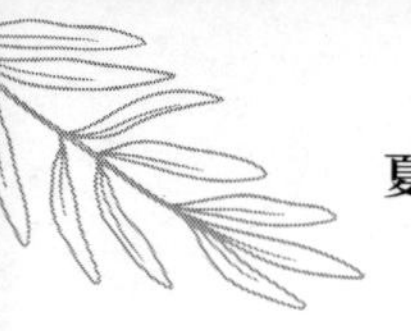

後」、「螳臂當車」等等。

然後喜陰的伯勞鳥開始出現，並且在枝頭上婉轉鳴叫。伯勞鳥只比麻雀稍大，但性情兇猛，常常捕食昆蟲、蜥蜴、蛙類等。說起伯勞鳥，自然會想到一個成語「勞燕分飛」，這個成語出自《樂府詩集．東飛伯勞歌》：「東飛伯勞西飛燕，黃姑織女時相見。誰家女兒對門居，開顏發豔照裡閭。南窗北牖掛明光，羅帷綺帳脂粉香。女兒年幾十五六，窈窕無雙顏如玉。三春已暮花從風，空留可憐與誰同」。

我生活的山村，常常可見伯勞鳥，而說起反舌鳥則與伯勞鳥不同，《禮記．月令》說：「反舌鳥，春始鳴，至五月稍止，其聲數轉，故名反舌」。

這個從早春二月開始婉轉啼鳴的鳥兒，據說會學其他多種鳥鳴，甚至連小雞的叫聲也會學，而進入芒種節氣因感應到了陰氣的出現反而停止了鳴囀。

自然界有著許多謎樣的事物，只要我們留心，就會領略到各自不同的美妙。當然，隨著時光的推移，不同的節氣，人間的風俗也千姿百態。

南朝梁代崔靈思在《三禮義宗》中說：「五月芒種為節者，言時可以種有芒之穀，故以芒種為名。芒種節舉行祭餞花神之會」。

因為芒種節一般在農曆五月間，故又稱「芒種五月節」。根據古老的說法，芒種節過後，群芳搖落，花神退位，人世間便要隆重地為她餞行。我在寫春分節氣的那一章中，曾寫到古代民間在二月十二給百花過生日，稱為「花朝節」。花朝節上，人們都要迎花神。而芒種時節，已是五月，「芒種蝶仔討無食」。此時，百花開敗，蝴蝶沒有花粉可採了。所以，古時民間，人們多在芒種日舉行祭祀花神儀式，餞送花神歸位，恭迎夏君，許是為了感恩，期盼來年與百花再次相會。

祭餞花神，成了芒種時節最風雅的事。

《紅樓夢》第二十七回「滴翠亭楊妃戲綵蝶，埋香塚飛燕泣殘紅」中寫道：「凡交芒種節的這日，都要設擺各色禮物，祭餞花神，言芒種一過，便是夏日了，眾花皆卸，花神退位，須要餞行。然閨中更興這件風俗，所以大觀園中之人都早起來了。那些女孩子們，或用花瓣柳枝編成轎馬的，或用綾錦紗羅疊成干旄旌幢的，都用綵線繫了。每一棵樹上，每一枝花上，都繫了這些物事。滿園裡繡帶飄颻，花枝招展，更兼這些人打扮得桃羞杏讓，燕妒鶯慚，一時也道不盡」。

「干旄旌幢」中「干」即盾牌；旄、旌、幢，都是古代的旗子。

旄是旗杆頂端綴有牦牛尾的旗，旌與旄相似，但不同之處在於它由五彩折羽裝飾，幢的形狀為傘狀。由此可見大戶人家芒種節為花神餞行的熱鬧場面，也展現出古人對大自然

的親近以及對生態的敬畏和重視。

如今，芒種時節祭餞花神這等風雅之事已然消失，然而「芒」和「種」這等最辛苦的勞作依然代代相傳，生生不息。在這個「三夏」大忙的節氣裡，人們還會迎來一個傳統的節日 —— 端午節。

這是仲夏的第一個午日，豔陽多照於天，天和氣清，是一個充溢熱浪的日子。可是，這個日子卻因了屈原、伍子胥、曹娥，背上了一個不祥之名。相傳，正是在五月初五日，屈原於汨羅江自沉。

人們為了打撈他，將粽子扔入水中讓魚蝦有食可吃，不致打擾亡者的安寧。人們雖然沒有打撈起屈原，卻打撈起一個節日。於是，才有了划龍舟競渡，才有了端午的習俗。

端午的傳說，也發生在伍子胥的身上。這位歷史上有名的直臣，因讒被棄，死後還被夫差扔入河底，不得入土為安。他的賢能和冤屈讓後人感喟，因而在端午加以紀念。而孝女曹娥的傳說則更加悲慘，為了尋找父親入河而溺的屍體，她於五月初五投江，以身殉父，得以成全孝道。

即便拋開這些不說，端午日，在民間的傳說中也是個不吉利的日子。

五月被認為是毒月，五月初五這一日更是毒日，暑氣上升，蠍子、蛇、壁虎、蜈蚣、蟾蜍五毒齊出。所謂五毒，不僅身有劇毒，還偏偏形貌醜陋。除了這些自然的毒物，端午，更是邪靈作祟之時，鬼魅並出，為害人間。古時的端午日，人們飲雄黃酒防蛇，燻艾草驅蟲，同時，人們也佩戴虎符，鎮邪袪魅。蛇怕雄黃酒的說法，給人最形象的記憶便是傳統劇目《白蛇傳》：許仙受法海指使，勸白娘子飲下雄黃酒，結果現出原形……

時至今日，一些習俗已漸漸消散在年年夏日的陽光下，但家家包粽子、門前插艾草的風俗卻將這個有著惡名的端午日，演變為一個紀念詩人屈原、具有詩性內涵的節日。就如此時南方諸多的江河上，一支支龍舟正在人們衝天的吶喊中如利箭般從眼前飛過，成為這個粽香瀰漫的節日裡，人間紀念詩神活動的盛大狂歡。這樣的情景，令人想起沈從文先生《邊城》中描寫過的「端午」。

而狂歡的背後，是烈日下大地上的辛勤耕作。

繁忙的鄉間五月，人們只是在匆匆地吞下一個香甜的粽子後，便立即轉身投入到忙碌的農事中。

所有的付出為的是日子的安穩富足。那新麥下來後的第一頓噴香的白麵饅頭或者第一頓細長滑溜的麵條，對人們的辛苦勞作都是莫大的安慰。品嘗嘴裡的新麥香味，那種踏實感會油然而生：手裡有糧，心中不慌啊！

日子忙碌且熱烈，時光荏苒而悠長。夏糧搶收後顆粒歸

倉，晚播作物正破土生長。這時節，再落一場透雨，恰似服下一劑清涼。

風調雨順的年景，便是這般模樣！

蟬鳴四起的時候，天地充實、萬物豐滿的盛夏，正在烈烈的陽光下向我們走來。

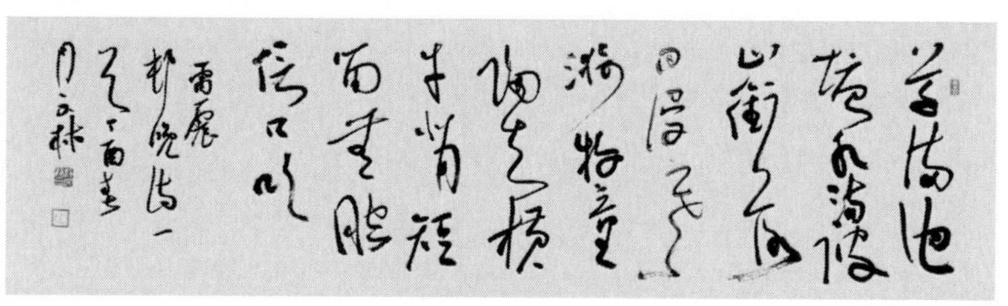

許文林　書

〈村晚〉雷震（宋代）

草滿池塘水滿陂，山銜落日浸寒漪。牧童歸去橫牛背，短笛無腔信口吹。

日長之極 · 夏至

時光不緊不慢地走到此刻，日子就在忙碌中步入了夏至。夏至是二十四節氣中的第十個節氣，也是入夏以來的第四個節氣。到此，今年的夏季恰恰過了一半，正值所謂的「仲夏」。

世間萬物，到了壯年，生命力顯得最為旺盛，被稱為盛年、盛期。光陰走到仲夏，江山溢彩滴翠，處處萬木蔥蘢，勃勃生氣逼人，這時節，被人們叫作盛夏。

一生一壯年，一年一盛夏。就是在這樣一個熱烈蓬勃的時節，一年當中白天最長的一天冉冉降臨，正所謂「日長之極」。夏至這天，太陽光直射北迴歸線。整個北半球，均是一年中白晝最長、夜間最短，日影也最短的一天。而且，愈是向北愈是晝長夜短。我們可以留意一下，在中原，夏至這天的白晝可以到十五個小時。在內蒙古的滿洲里和黑龍江的漠河一帶，白天長達十六七個小時。當然，如果你身處北極圈，夏至這一天的二十四小時，太陽都在地平線上空轉圈，你會感受到只有漫漫白晝，不見沉沉夜幕的奇觀。這是多麼有意思的體驗！

我們雖然不在北極圈，但也不乏關於夏至的有趣體驗。這讓我想起自己少年夏天的一些趣事。那時候，一群朋友總會在夏至這天正午，趴在村中老槐樹下的井口邊，看正午的陽光從井口直射到井底水面上，水面週遭都是倒影晃動的小腦袋，涼氣逼人的井筒中滿是亂作一團的回音……我對這個一年當中只有這一天才能看到陽光照射到井底的現象充滿了好奇；我們還會站到正午的太陽底下，尋找自己的影子。可是哪裡還有自己的身影呢？轉著圈找也找不到。熱烈的陽光下，朋友個個滿頭大汗，興趣盎然，不清楚平時在太陽底下那些長長短短的身影都到哪裡去了？大家你一言我一語地猜測：影子鑽到地底下了！正當我們以十分有限的常識議論時，

往往會聽到大人們一聲吆喝：「日頭底下太毒，快回來！」於是，大夥兒十分不情願地分手。回家躺在床上哪裡能午睡得著，滿腦袋裡都是一些奇妙的幻想……

少年的疑惑，在後來的課本上得到解答和印證。回想當初，那種天性自由釋放的成長過程是今天的孩子們無法體驗的！

時序輪迴轉，夏至年年過。每逢夏至節氣來臨，都會想起兒時印象深刻的情景。只不過，對夏至的認識已不再是兒時的好奇，而多了一份對節氣的科學認知。

夏至這個節氣，是中國最早測出來的。相傳在四千年前的唐堯之世，先民就根據天象的變化，用土圭測出正午日影最短的一天，這天就是夏至。因為夏至這天白晝最長，所以古時叫「日永」。《書經．堯典》中有這樣的記載：「日永星火，以正仲夏。」在《管子》一書中，「日永」就改作「夏至」了。對於夏至的特點，中國古代多有解釋。陳希齡的《恪遵憲度抄本》一書說得尤其明白：「陽氣之至，陰氣始升，日北至，日長之至，日影短至，故日夏至。至者，極也。」

這裡說了夏至的三個「至」——「日北至」、「日長之至」、「日影短至」。在前文中，已經說過「日長之至」、「日影短至」的意思。「日北至」是說太陽光直射地面的位置已到了最北端，即到了北迴歸線。過了夏至，太陽光的直射點開始向南移，白晝一天天變短，而夜晚則一天天拉長。因此，民間有「吃過夏至麵，一天短一線」的說法。節氣循環的自然現象，讓我聯想起小時候曾讀過的一本書，那本書沒有封面，至今也不知書名，在傳閱中早已被翻得破爛不堪，那個年代，誰沒讀過幾本無皮的書啊？！書雖殘破，但我依舊讀得津津有味。書中的道理和一些句子一直刻在腦海裡，其中有一句至今難忘：「夏至後天漸短短至極處，必有個冬至節一陽來復……」看起來說的是季節輪迴四時往復的自然規律，背後卻包含著生活哲理 —— 時光就是這樣不聲不響地啟發著我們，讓我們明白物極必反、盛極必衰、過猶不及、否極泰來的道理。

的確，夏至是一年中陽盛到極點的時刻，按古代傳統科學的解釋，陽盛到極點時，沒有絲毫的停留，陰氣就開始從地底上升，所謂「陽氣之至，陰氣始升」，所以夏至又稱「一陰生」。夏至過後，白晝漸短，陽氣一日日減弱，陰氣一天天上升。直到冬至，陰氣達到極盛了，陽氣重又升起。如此循環往復，推動四季運轉，萬物生長，生命交替。中國人追求天人合一，或許就是對這個大循環的嚮往吧。

「陰氣始升」的夏至節氣分為三候：「一候鹿角解，二候蜩始鳴，三候半夏生。」意思是說，屬陽性的鹿，因為在夏

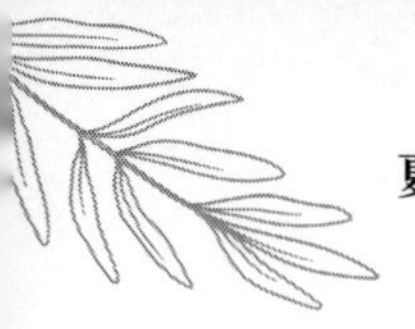

至這一天，感覺到了陰氣，頭上的角就開始脫落下來；後五日地下的蟬感受到了陰氣，也匆忙爬到樹的高處，開始一夏的嘶鳴;再五日半夏開始破土而出。半夏是一種喜陰的藥草，因在仲夏的沼澤地或水田中出生所以得名。這是一種有毒植物，不小心吃了，立刻就會口舌發麻。可萬一有魚刺鯁在喉嚨，半夏卻能治療。如果被蠍子螫了，拿半夏的根搗爛，敷在傷口上，以毒攻毒，也能很快止痛。

自然界的許多事物都是相輔相成、相生相剋的，就如以毒攻毒的半夏。前人貢獻了他們的智慧把這些統整出來，還需要我們在前人的基礎上作進一步的認識。

儘管夏至這天動物都會感應到「陰氣始升」，但天氣不會涼爽下來，反而會越來越熱。俗諺說「冷在三九，熱在三伏」，你看，「三伏天」就在前面不遠處等著呢！對這樣的現象我們應該有所了解：

天文曆法中的「夏至」與氣象學中的「盛夏」不是同步的。夏至後白天開始漸漸變短，可由於地面接收熱量的累積效應，天氣還要繼續熱下去，到「大暑」節氣前後才熱到頂點，那就是「三伏天」期間。

這些年，由於氣候異常，每到這時，就成了令人難捱的「三溫暖」！

雖然說夏至是個天文類節氣，可是新麥登場，秋苗茁壯，這時節的民俗活動，更多是與收穫有關。祈求豐收的「夏至節」最早出現在秦漢時。秦時還將夏至確立為四大節氣之一，這四大節氣便是春分、夏至、秋分、冬至。

夏至時值麥收，自古以來有在此時慶豐祭神之俗，以祈求消災年豐。因此，夏至作為節日，很早就納入了古代祭神禮典。《周禮 · 春官》載：「以夏日至，致地方物魈。」周代夏至祭神，意在清除荒年、飢餓和死亡。一直到今天，有的地方還舉辦隆重的「過夏麥」活動。《史記 · 封禪書》記載：「夏至日，祭地。」明清時期的京城，每逢夏至，皇帝都要率領文武百官到地壇舉行隆重的祭祀儀式，感恩天賜豐收，祈求獲得「秋報」。

史書記載，宋朝過夏至最為隆重，夏至日始百官要放假三天，與家人團聚避暑。所以說，夏至在古代既有很濃厚的祭神風氣，也是一個避暑消夏的節日。據說流傳至今的吃麵等習俗便與祭神和消夏有關。時至今日，一些祭神的風俗大多消失在歷史深處，難得尋覓，唯夏至嘗新麥、吃麵食的習俗依然代代流傳。

「冬至餃子夏至麵」，夏至嘗新麥，那是勤勞的人們一年的期待。

在這個夏日炎炎的時節，誰不想美美地吃一碗過水涼麵呢！

上黨地區的鄉村，就有這樣的風俗習慣。每年夏至新麥收打完畢，農事再忙碌，家家也要淘洗些新麥磨成麵粉，趕在夏至這天全家一起吃一頓「過水麵」。新麥麵粉，麥香四溢。巧手俐落的家庭主婦，懷著欣喜的心情和麵、揉麵、擀麵，一家人聞著麵香，看著長長的麵條在開水沸騰的鍋裡起伏翻滾，滿足的心情溢於言表。一年的祈盼，一年的辛勞，一年的收穫都掛在滿臉的笑意裡。饞嘴的孩子們早把打上來的一盆冰涼的井水，放到鍋臺前，待麵條撈至涼水盆中，冷淘片刻再撈到碗裡，澆上肉臊，佐以芝麻醬、黃瓜絲，再配之以幾粒新蒜瓣……一家人坐在院落中陰涼之地，當筷子挑起碗裡長長的麵條，順滑地送入口中，味蕾間便品嚐到這個悠長夏日的美好時光。家人們邊拌邊吃，大快朵頤，此起彼伏的吸溜聲伴隨著撲鼻的香氣瀰漫在庭院，那吃得真叫一個酣暢痛快！

汗水和收穫全化作眼前的飯香，人間至味也不過是夏至此刻的一碗涼麵！

夏至期間吃涼麵、食生菜自有其道理。因為這個時候氣候炎熱，吃些生冷食物可以降火開胃，又不至於因寒涼而損害健康。還有一種說法是「頭伏餃子二伏麵，三伏烙餅攤雞蛋」。餃子、麵、烙餅都是新麥做出來的麵食，雞蛋也是這個季節最新鮮最營養的食物。因為這時節天氣炎熱、農事繁重，身體消耗大，這樣的飯食可把人補得壯。

吃罷夏至麵，日子就開始了「夏九九」。冬季有數九歌，而對「夏九九」卻知之不多。

「夏九九」便是從夏至開始的。是從夏至這一天為起點，每九天為一個九，九個九共八十一天。同「冬九九」中三九、四九最寒冷一樣，「夏九九」的三九、四九是全年最炎熱的時候。它與「冬九九」形成鮮明的對照，遺憾的是「夏九九」流傳不廣。其實，「夏九九」生動形象地反映了日期與物候的關係。

我看到過一個史料，說是在某一座禹王廟正廳的榆木大梁上寫有《夏至九九歌》，這裡全文記錄算作一個資料：夏至入頭九，羽扇握在手；二九一十八，脫冠著羅紗；三九二十七，出門汗欲滴；四九三十六，捲席露天宿；五九四十五，炎秋似老虎；六九五十四，乘涼進廟祠；七九六十三，床頭摸被單；八九七十二，子夜尋棉被；九九八十一，開櫃拿棉衣。

而北方鄉間流傳「夏九九」歌最能反映中原北方地區的氣候特點：一九至二九，扇子不離手；三九二十七，冰水甜如蜜；四九三十六，汗濕衣服透；五九四十五，樹頭清風舞；六九五十四，乘涼莫太遲；七九六十三，夜眠尋被單；八九七十二，當心莫受寒；九九八十一，家家找棉衣。

讓我們從此刻開始，數著「夏九九」，在竹簾高掛、手執蒲扇的日子裡，於廣闊的精神空間尋訪流逝的天真，找回往日的節氣感受，過一個美好曼妙的夏天——

清晨，聽屋簷下燕子的細語呢喃，看燕巢中乳燕不停地張嘴叫喚，讓父母忙碌地喂食；正午間「知了啊知了啊」蟬鳴，渲染的天氣更加炎熱，那我們就等著夜晚降臨吧。等這個長長的白晝過去後，坐在星光下，欣賞一場蛙鳴音樂會。在這些多聲部的合唱中，在一片蛙聲的夏夜裡，追逐撲打或明或暗、或高或低的螢火蟲；累了，就躺在陽光照射了一整天的青石板上，尋找那些熟悉的星星，於天心橫亙的銀河和鋪天蓋地的星光下，感受宇宙的浩瀚和時光的美妙，在這份天真裡找回那怕是一丁點渾樸未鑿的童趣啊！

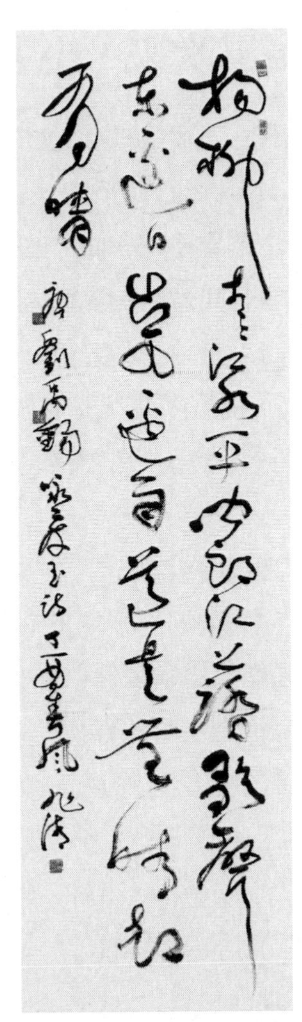

程旭清　書

〈竹枝詞二首·其一〉劉禹錫（唐）

楊柳青青江水平，聞郎江上踏歌聲。

東邊日出西邊雨，道是無晴卻有晴。

‖溫風吹來・小暑‖

節氣總是那麼守時，光陰總是那麼守信，該來的時候一刻也不耽擱。這不，剛剛嘗過夏至的「過水麵」，小暑節氣就攜著溫風趕來了，一年當中最熱的一段時光就此開始。

時至小暑節氣，熱風吹拂，濕氣蒸騰。《易・繫辭上》說：「日月運行，一寒一暑。」這一冷一熱的兩極，是時光流轉的自然規律。人，就是順應著這樣的天地時序來休養生息。小暑，意思就是「小熱」，指天氣開始炎熱了，但還沒有到最熱的時候。

故《月令七十二候集解》說：「六月節……暑，熱也，就熱之中分為大小，月初為小，月中為大，今則熱氣猶小也。」熱到極致的時候應該是大暑節氣。小暑大暑相連而至，這一個月內撲面而來的都是滾滾熱浪。二十四節氣雖然是古人根據黃河流域一帶的氣象、物候知識制定的，但到了盛夏，南方、北方的氣溫差異很小，都十分炎熱，民間有「小暑大暑，上蒸下煮」之說，所以小暑、大暑的含義與大部分地區的氣溫狀況基本上都是符合的，只是南方的濕氣比北方更甚，正所謂溽暑時節也。

盛夏溽暑。溽者，濕也，熱也。「揮汗如雨」四字，正是此時的滋味。這揮汗如雨的溽暑時節，田野的農事一刻也耽誤不得。地裡雜草旺盛、害蟲滋生，農人頂著酷暑毒日，抓緊大秋作物的田間管理，鋤地除草；麥田收割後趕著再播大豆；一些經濟林果也要加緊噴灑農藥，比如核桃果實就要防止「核桃黑」病;還有小滿時播種的晚穀子出苗也漸高了，該間穀苗了。我記得在前面「芒種」一文中提到過，我最怕做三樣農事，割麥、間穀、鋤玉茭。間穀苗的確是一個難受的工作，從地頭蹲下，手握尺把長的韭鐮，沿著穀壟苗，邊除草邊間穀苗。壯實的穀苗留下，大概一寸半的株距……如此這般，要從地這頭一直蹲著工作挪到地的另一頭，然後接著返回。往往一趟下來腰痛腿麻無法站立，就如受刑一般。「一趟趕不上，趟趟受慌張」，看著年輕人在地頭腰痛站不住的狼狽樣子，鄉親們就會拿我們說笑話，開頭總是這樣的 —— 說是有一對父子在地裡間穀苗，兒子還小，沒多久就直喊腰疼。父親見狀訓斥道：小孩子家哪有腰啊！小兒子頗不服氣，到地頭將自己手裡的韭鐮別到後腰，然後嚷嚷說，韭鐮不見了！父親就在地裡巡睃，兒子也假裝跟著尋找。父親突然發現韭鐮在兒子後腰上別著，就喊了一聲：韭鐮就在你腰上別著，真是騎驢找驢！

兒子要的就是這句話，馬上反駁道：「你不是說小孩家沒腰！」這本來是說小兒子機智的一個笑話，可憨厚的鄉親們專門斷章取義 —— 在地頭歇息時，自在地裝上一鍋旱煙，邊撩起衣襟擦汗一邊「吧嗒吧嗒」地過菸癮，看著我們到地頭直喊腰疼的樣子，他們總是瞇縫著雙眼，透過口中吐出的

煙霧，善意地奚落道：「就是，小孩子家哪有腰啊！」說完哈哈大笑。不等笑聲落下，就將菸頭往地上一按，說聲「工作啦！」馬上蹲在谷壟間手腳俐落地向前挪去……

這樣的情景至今記憶猶新，是因為小暑交節前間穀苗的農事太活受罪了。溽暑時節，天地間熱能蓄積已久，再加上這時節雷雨頻頻，間穀苗長時間蹲在地裡，頭頂炎炎烈日，地下熱氣蒸騰，令人無處躲藏，汗水從頭頂直往下淌，衣服早已被汗水浸濕。可間穀苗又是個需要細心的工作，快不得卻也急不得，只能咬牙堅持。

而農事再累，鄉間的暑天總有一幅納涼消夏圖景 —— 上了歲數的老人們，坐在濃密的樹蔭下，一個大搪瓷茶缸放在腳邊，手搖芭蕉扇，長長短短的念叨總離不開莊稼與農事：「頭伏蘿蔔二伏菜，三伏不盡種油菜。」末了，會像個智者一樣說道：「時節都是天管著，該熱的時候就得熱，不熱莊稼怎麼生長啊！」言畢，端起茶缸深深地喝一口，一副滿足自得的神態。

鄉間老人很有些古意，充滿對光陰的警覺與熱愛，時刻以自然圖景提醒著人們要惜時和勤勉。

唐代元稹的〈詠廿四氣詩．小暑六月節〉一詩，就給我們描繪了一幅時至小暑的時光圖景：「倏忽溫風至，因循小暑來。竹喧先覺雨，山暗已聞雷。戶牖深青靄，階庭長綠苔。鷹鸇新習學，蟋蟀莫相催。」詩的後兩句出自《禮記·月令》：「溫風始至，蟋蟀居壁，鷹乃學習。」指熱風來臨，所以蟋蟀都躲到牆壁裡去避暑，雛鷹也開始學飛翔了。這種說法後來演變成將小暑分為三候：「一候溫風至；二候蟋蟀居宇；三候鷹始鷙。」後一句，指老鷹因地面溫度太高而改為在清涼的高空中翱翔。

誰能感知，悶熱的暑氣底下，秋天的肅殺之氣正悄然滋生呢？

這初生的寒氣，只有一些極其敏感的動物才知道。譬如蟋蟀，譬如蟬，譬如鷹。《詩經·七月》上說：「七月在野，八月在宇，九月在戶，十月蟋蟀入我床下。」七月蟋蟀在田野，八月來到屋簷下。九月蟋蟀進門口，十月鑽進我床下。蟋蟀不停地搬家，不只是因為怕熱，還因為它對深藏於地下的殺氣特別的敏感。有人甚至說它是感殺氣而生。然而小蟲子不會像人那樣，知道收斂心性，它聽任這殺機在身上生長，終於變得好勇鬥狠。

因為好鬥，蟋蟀成了人們的玩物。「知有兒童挑促織，夜深籬落一燈明」。促織是蟋蟀的文雅叫法。不僅兒童喜歡「挑促織」，大人也不例外啊！過去，那些喜好鬥蟋蟀的人，閒暇時總愛聚在一起，拿根草棍挑逗蟋蟀，屁股撅在地上，嘴裡嘶嘶有聲，一旁觀者也隨聲附和，替那鬥狠的蟋蟀加油

助威。而瓦盆裡的蟋蟀早已咬成一團，難解難分。這樣一種充滿趣味的生活場景在今天節奏加快的電子時代，似已無處尋覓。

小暑期間有兩個重要歷程：出梅和入伏。小暑後（含小暑當天）第一個「未日」稱「出梅」，出梅代表著江淮地區梅雨期的結束。

梅雨季節是南方特有的氣候，地處北方的我們且不多說。這裡著重說說跟我們生活密切相關的三伏天。曆法規定：夏至後第三個「庚日」為「初伏」，一般都在七月十三至二十一日，也是盛夏開始的標誌。七月七日是小暑節氣，古籍《群芳譜》中說：「暑期之此尚未極也。」因為小暑過後，全年最熱的三伏就到了。伏天是雨水集中，全年最熱的日子，又是陰起陽降的時候。《漢書．郊祀志注》中說：「伏者，謂陰氣將起，迫於殘陽而未得升。故為藏伏，因名伏日。」

三伏天是按照中國古代的「干支紀日法」確定的。數伏天氣要一個多月，古人把這段時間叫「三伏」，由初伏、中伏、末伏組成。

夏至後的第三個庚日入伏，是初伏的第一天，十天後是第四個庚日叫中伏，如果第五個庚日在立秋之前，那麼中伏就需二十天，俗稱兩個中伏；若在立秋之後，中伏就是十天；立秋後的第一個庚日叫末伏。末伏第十天以後就出伏了，隨著日照時間縮短，天氣也一天比一天涼爽了。

伏天的說法據說歷史相當久遠，起源於春秋時期的秦國，《史記 · 秦紀六》中云:「秦德公二年（西元前六七六年）初伏。」唐人張守節曰:「六月三伏之節，起秦德公為之，故雲初伏，伏者，隱伏避盛暑也。」

伏，大概有兩重意思，一是陰氣迫於陽氣而藏於地下，二是天氣炎熱，人們為避暑，宜伏而不宜動。古代伏天時跟其他節令一樣，民間傳承著很多習俗。「頭伏餃子二伏麵，三伏烙餅攤雞蛋」。小暑頭伏吃餃子是傳統習俗，伏日人們食慾不振，往往比常日消瘦，謂之「苦夏」，而餃子在傳統習俗裡正是開胃解饞的食物。還有一些地方入伏的早晨只吃煮雞蛋，以增強身體的抵抗能力。

為熬過「苦夏」，人們在吃的方面也多有用心。「小暑黃鱔賽人蔘」，相傳古代有些大力士，之所以力大無窮，就是因為常吃鱔魚的緣故。清代張璐《本經逢原》上，還真有大力丸的配方，其中一味主藥就是鱔魚。鱔魚味鮮肉美，而且刺少肉厚，又細又嫩，以小暑前後一個月的夏鱔魚最為滋補美味。且對慢性支氣管炎、哮喘病、風濕性關節炎等「冬病」有「夏治」的作用。我第一次抓黃鱔是在湖北鄉下，那是三十多年前的溽暑時節，與友人一同在其老家湖北沔陽鄉下小住。那裡水系縱橫，稻田如鏡，是江漢平原上的魚米之鄉。閒來無事，就天天在稻田中抓黃鱔。起初，我實在不敢下手，害怕這如蛇樣的動物。原因是童年在農村生活時掏鳥蛋，結果掏出了蛇，當時就嚇得動彈不得，以至後來每當看到這種軟趴趴的動物就毛骨悚然。第一眼看到黃鱔與蛇幾無二致，心裡甚是恐懼。在老鄉和友人的反覆鼓勵演示下，終於挽起褲管赤腳下到稻田裡抓黃鱔。看到有手指粗細的洞口時，便以食指或中指循著泥洞插入其中，感覺蠕動時，俐落地用手指往起一勾，一條黃鱔就在手中了。順手在稻田邊就地折一根草桿，從黃鱔嘴巴處穿過，然後再摸下一條……如此反覆，最後竟成為一種樂趣。每每打著赤腳從田埂上走過，我和收工回家的老農夫一樣，手中的草桿上就吊著一堆黃鱔。那裡黃鱔吃法簡單便捷，家家都有一個二寸寬的木板，木板一頭有一小鐵釘，釘帽高出半釐米，將黃鱔頭部嵌入釘帽順勢一捋，黃鱔從頭至尾一下裂開，內臟盡出。就勢在旁邊的溪水中沖洗乾淨，然後或鱔魚段或鱔魚橋或鱔魚丁，放好辣椒佐料在鐵鍋中翻炒，俄頃一盤盤新鮮美味的鱔魚菜便端上飯桌。多少年過去，至今回憶稻田抓黃鱔的樂趣，興味依然。

小暑節氣，恰逢農曆六月初六。「六月六，請姑姑」。過去，一些中原東北鄉間的風俗都要請回已出嫁的女子好好招待一番再送回去。所以一些地方也叫「女孩節」、「女兒節」。

此俗源自春秋晉國宰相狐偃向女婿、女兒認錯的故事。晉國宰相狐偃之婿想在六月六除掉在朝野怨聲載道的狐偃，其妻不忍，偷偷回娘家告知其父狐偃。恰好狐偃在放糧中目睹自己的過失給老百姓造成的災難，於是幡然醒悟，向女婿認錯。以後每年逢六月六都請女兒、女婿回家，蒸新麥饅頭、麵，熬羊肉好生款待，互相加深感情。

這一做法在民間廣為流傳，以應消仇解怨圖吉利，並沿襲成風俗。

我記得在鄉下時，每逢六月初六，出嫁的女兒們會提一籃子染著紅點的白麵大饅頭回娘家。此時小麥已經收打完畢，相對農閒，正是探親的好時機。因此民間就有「六月六，走麥罷」的說法。帶上白麵大饅頭也是想告訴娘家，今年的小麥收成不錯，讓娘家放心。

白麵饅頭寓意蒸蒸日上，染上紅點就盼望日子吉利。再有六加六亦為「六六大順」之意，自古以來被人們認為是最吉利的日子。

作為古晉國之地，此風俗千古流傳，只是近幾十年，隨著生活水準的不斷提升和物質的極大豐富，這些習俗日漸淡化甚至消失。

雖然「姑姑節」的風俗不再，但「六月六，看穀秀」卻是農人很看重的一個傳統日子。此時正值暑期，也是「入

伏」前後，一年中最熱的時候開始了，氣溫高，光照足，雨水大。早播種的春茬穀子和玉米等秋莊稼長勢正旺，並已開始抽穗灌溉。俗語道:「知了叫，河水響，你看莊稼長不長。」於是「六月六，看穀秀」就成為祖祖輩輩農人盼望豐收的精神寄託。

這時節穀子開始露出穗頭，農人看到了穀子秀穗，好像看到了豐收的希望。這個時候農民最祈盼的就是，從現在開始到穀子收穫別有自然災害，風調雨順，到秋季穀穗能結實飽滿。

「夏日多暖暖，樹木有繁陰」。等待收穫的日子，先靜下心來熬過這溽暑時節。不妨搬一把竹椅躺在樹蔭底下，輕搖芭蕉扇，慢悠悠地啜著手中的小茶壺，聽樹梢渲染炎熱的蟬鳴，透過樹葉的空隙，看一隻大鷹漸漸變成高空中一個小黑點。放了暑假的孩子們也該是狂歡的時候了。在池塘小河邊，撈小魚、摸蝌蚪、抓蚱蜢、捕蜻蜓，玩得滿頭大汗時，乾脆把衣服一脫，一個鯉魚打挺躍入水中，盡情嬉戲……

時光就在炎炎夏日的午間拉長，年歲在四野的遊戲中蓬勃成長——如果今天的孩子們還能這樣自由自在，有多好！

李雁偉 書
夏日南亭懷辛大 孟浩然（唐）
山光忽西落，池月漸東上。散發乘夕涼，開軒臥閒敞。
荷風送香氣，竹露滴清響。欲取鳴琴彈，恨無知音賞。
感此懷故人，中宵勞夢想。

極熱天氣·大暑

節氣的轉換可真快。本書從立春開始說起，到現在已是大暑，倏忽間就過去了十二個節氣，恰是一年二十四節氣的一半。自從開始寫二十四節氣的計畫，倍覺光陰似箭，日月如梭。

所謂時間不等人，對此有了更深的體悟 —— 在靜靜感受各個節氣帶給人自然美妙之際，就覺得時間活脫脫地站在你身旁，附在你耳邊聲聲提醒，督促驅趕，催人向前。因此，心裡就生出一種緊迫感來。

人改變不了時間，身處其中，只有順時而為，方可張弛有度。

就如同順應節氣生活一樣，遵循自然與時序的約定，像古人那樣，在這極熱時節，編織一幅消夏避暑圖，找一份「心靜自然涼」的意趣。

大暑節氣說來就來。一年當中最悶熱的時節就此開啟。大暑一般在七月二二至二四日之間，這時太陽位於黃經一百二十度。

大暑是夏三月的最後一個節氣，暑氣蒸騰，熱到極點，這些年被人稱作「三溫暖」。《月令七十二候集解》稱：「暑，熱也，就熱之中分為大小，月初為小，月中為大，斯時天氣甚烈於小暑，故名日大暑。」唐代元稹〈詠廿四氣詩·大暑六月中〉是這樣寫大暑的：「大暑三秋近，林鐘九夏移。桂輪開子夜，螢火照空時。瓜果邀儒客，菰蒲長墨池。絳紗渾捲上，經史待風吹。」

詩中的「三秋」指秋季的三個月，意思是大暑過後秋天即將到來。

「九夏」指夏天的四、五、六月，三個月共九十天謂之「九夏」。「林鐘」是六月的音律，泛指農曆六月。古樂分十二律，有六律六呂，林鐘為六呂之一。其律制排行從低到高依次為：黃鐘，大呂，太簇，夾鐘，姑洗，仲呂，蕤賓，林鐘，夷則，南呂，無射，應鐘。《呂氏春秋·音律》說：「林鐘之月，草木盛滿，陰將始刑。」漢代班固《白虎通·五行》中也說：「六月謂之林鐘何？林者，眾也。萬物成熟，種類眾多。」

而詩中的「桂輪」則指月亮。唐代李涉〈秋夜題夷陵水館〉便有這樣的詩句：「凝碧初高海氣秋，桂輪斜落到江樓。」至於「螢火」、「菰蒲」是這極熱的天氣生長的昆蟲和水草，「瓜果」是這個時節享用的東西。

元稹〈大暑〉詩的最後兩句大約有點「春天不是讀書天，夏日炎炎正好眠」的意味。

也是，在這極熱的暑天，不妨像古人那樣，在樹蔭下沏一盞茶、翻幾頁書，或者林下小憩、屋中高眠，找一份暑天的愜意可好？白居易〈消暑〉詩說：「何以消煩暑，端坐一院中。眼前無長物，窗下有清風。散熱有心靜，涼生為室空。此時身自保，難更與人同。」

古時，沒有電扇，沒有冷氣，唯有綠樹清風。消暑的最佳方式，是把家裡整理乾淨簡潔，靜坐院子裡，心靜身安。

想那涼風在心中徐徐吹拂，倒也不失為一種境界。

無奈現代人慾望太多整日忙碌，恐難有如此閒散時光，匆忙間辜負了一段消夏避暑的樂趣，不能不說是一種遺憾。

一般而言，大暑都在「中伏」前後，從入伏到大暑節氣，一段溽暑難熬的炎夏日子就進入我們的生活。「小暑不算熱，大暑正伏天」。「伏」即潛伏、藏伏之意，也就是提倡人們在三伏的時候盡量減少高溫下的活動，規避潮濕之氣。作為一個氣溫類節氣，炎熱的大暑，日照強，雨水多，萬物生機勃勃，但也滋生蚊蠅等病害傳染。所以說，再忙碌也得注意防暑健身，預防中暑和傳染疾病。

的確，炎熱的伏天裡，人們有點坐蒸籠的味道。雨水多，濕氣重，氣溫高，動輒氣喘吁吁，汗流浹背。從醫學的角度講，這時節腸胃蠕動會減弱，而新陳代謝加快，人體的水分和養分消耗多，加之天氣悶熱，導致睡眠困難，因此常常食慾不振，睏乏無力，甚至頭暈噁心，這就是所謂的「苦夏」。苦夏，使人體抵抗力降低，傳染病就容易發生。對此，古人亦早有意識。清代大文人李笠翁在《閒情偶寄．頤養部》中說：「蓋一歲難過之關，唯有三伏，精神之耗，疾病之生，死亡之至，皆由於此。故俗語云：『過得七月半，便是鐵羅漢』非虛語也。」此話雖顯誇張，而意在提醒人們好好度過伏天，不要過於勞神役形。民間百姓深深懂得酷暑對人的侵害，有許許多多的防暑降溫的辦法。據史料記載，自魏晉以來，民間就有伏天吃麵的習俗。就如我在前面章節中說過的，用新麥麵粉做「過水涼麵」

食用，可以解暑熱，增體力。難耐的伏天裡，涼粉涼麵最消暑。在鄉間，一些人家用綠豆粉、豌豆麵或蕎麥麵，做成涼粉、涼麵條，在深井水中浸泡後，再加拌芝麻醬、陳醋、蒜泥之類佐料，吃起來清涼可口，確可解暑提神。

時至今日，消暑的食物和方式多元，比如食用冰淇淋、喝冷飲及冰啤、冷氣降溫、室內外游泳等等不一而足。但不管如何，現時消暑的食物和方式都不及代代相傳的方法更保健。就像暑天長時間吹冷氣和動輒喝冰飲一樣，只是貪圖個一時痛快，其實對身體健康沒有好處，當適可而止。

酷熱也並非全是壞事，鄉間的老人們對此向有自己樸素的辯證看法。在樹影斑駁的蔭涼下，他們常常手搖蒲扇，瞇起眼睛望向村外的莊稼，慢條斯理地告訴你：「該熱不熱，無穀不結；該冷不冷，人生災病。」這樣的語調神態，儼然就是生活的智者。是啊，風雨雷電，寒來暑往，自然界這些規律性的變化，人和萬物都是離不開的。只是過則成災，適宜為福啊！

古人將「大火颺光，炎風酷烈」的大暑分為三候：「一候腐草為螢；二候土潤溽暑；三候大雨時行。」大暑時，螢

火蟲卵化而出，成為盛夏夜晚的一道圖景。螢火蟲產卵在落葉與枯草之間，經幼蟲，蛹而至成蟲，在盛夏孵化而出。古人的生物知識缺乏，認為螢火蟲由是腐草所變化而生；此時土壤內濕氣潮潤，天氣也濕熱難耐，這種蒸郁的熱天也是最難過的；這時節常常在午後有雷雨，雷雨驟急勢大但時間不長，雨後可以稍稍緩解一些暑氣。科學的解釋應該是由於早上的濕熱之氣升至對流雲層，在高空遇冷，然後形成雷雨降下。

古人的經驗依然是我們今天的日常。

螢火蟲飛舞的時節，總讓人想起兒時的鄉村夜晚。這種小昆蟲真的很奇妙，狹小的頭部呈紅色，扁平細長的身體上有一對褐色的透明軟翅，身軀後半段螢螢發光。那時，每到夏夜，勞作了一天的大人們坐在街邊的石頭上，聽著村中麻池裡一刻也不停的蛙鳴，消暑聊天扯閒話。我們這些放了暑假的朋友們，就在大人們眼前竄來竄去，不是東奔西跑的捉迷藏，就是在村邊崖上崖下追逐螢火蟲。我們一群孩子就會在鋪天蓋地的星光下和此起彼伏的蛙聲中，迎著漆黑夜空裡那些忽上忽下的小亮點，嘴裡不停地喊著「低一點、低一點……」同時高一腳低一腳地追逐撲打。那些小亮點好有意思，只要不停地叫喊「低一點、低一點……」它們真的就從夜空裡越飛越低，直到你追上去一巴掌握到手心。在汗津津的手心裡捂的時間長了，螢光就會黯淡下去，但只要一鬆手，重新飛起來的螢火蟲依然會幽幽發光。經常我們把捉到的螢火蟲裝進一個小玻璃瓶中，比賽誰捉得多、誰的更亮，然後提著它追逐廝打，呼喊嬉戲。後來聽老人們訪古，知道了古時候有「車胤囊螢」、「鑿壁偷光」的故事，於是我們也學「車胤囊螢」，用小玻璃瓶裝著多多的螢火蟲，放在隨便一本書旁邊，看得模模糊糊卻興味十足。兒時的鄉村夜晚，便是這般無憂無慮，充滿意趣。

長大後從史書中方知道有人在「玩」螢火蟲時，比我們排場闊氣多了 —— 在夏夜用螢火蟲營造氣氛，氣魄最大的就是隋煬帝。他命許多人用大袋子捉來無數螢火蟲，到了晚上，放飛在景華宮，滿山谷的流螢閃爍飛舞，與天上的星辰遙相呼應。那樣的場景確是一個帝王的興致和浪漫！

令人遺憾的是，在城市裡根本見不到螢火蟲，即使現在的鄉村也很少見了。這是因為螢火蟲對環境要求極高，這些年由於大量使用化肥、農藥、殺蟲劑等，這樣的環境已不再適應螢火蟲生存。今天，我們已經很難再看到漫漫夏夜裡流螢飛舞的曼妙景象，那些裝點了孩提時許多好奇和幻想的點點螢光早已成為人們心中最柔軟的記憶。而那種「晝長吟罷蟬鳴樹，夜深燼落螢入幃」的詩情畫意，便只能到古詩中去感受了。

夏夜裡沒有了飛舞的螢火蟲，孩子們缺少了多少童趣？生活又缺少了多少詩意？

其實，生活在今天電子時代的孩子們，不僅僅只是缺少了沒有螢火蟲的遺憾，更多的是缺乏對大自然的感知。大自然中許多奇妙的存在，他們可能以為只是神話傳說，這不能不說是一種悲哀。

某一年的大暑時節，酷熱難耐之際，我們一家驅車向北，駛向內蒙古草原。一天晚上，夜宿海拔一千八百米的貢格爾草原，蒙古包裡沒有任何現代家電。那一夜我們是和大自然最親近的人，一家人裹緊防寒衣坐在夜涼如水的草地上看滿天繁星。令人沒想到的是，一場流星雨竟不期而至，在華麗的天幕上盛大開演。這壯闊的自然景象讓身旁的女兒驚奇萬分，她疑惑地對我說：「如果不是親眼所見，就不會相信真有流星，以前我想像著那只是神話傳說中才會有的場景……」

聽罷，我心裡竟生出一絲疼痛：出生在城市裡的孩子們好可憐哪！他們一出生便淹沒在燈火輝煌裡，缺乏了對大自然的感知和領悟；他們很享受現代生活，甚至對許多高科技電子產品無師自通，可竟然麻木日月星辰、季節輪迴、寒來暑往和春耕秋收……滿天的星斗和箭矢般的流星雨給女兒補了一課。草原之夜，我們在風中傾聽、仰望，感受無垠星空中演奏的時空交響。一整夜，星群帶著我們遨遊在茫茫的蒼穹中，人世間任何的名利都抵不上這般美妙。

而這樣的經歷，不是帶著孩子旅行幾次就能獲得的，真應該讓他們的天性在大自然中自由自在的釋放啊！

當然這是一個社會問題，也是教育體制問題，這裡無須多言。

我應該說的只是當下的大暑節氣。

對於我們平常人來說，大暑就是一年中一段艱難的困境。如果去不了遠處避暑，不妨抽出時間，出市區到郊外的河邊濕地走走，那裡的水域有大片的荷花，水邊賞荷，倒也清涼雅緻。興致起時，還可輕輕吟誦「細草搖頭忽報依，披襟攔得一西風。荷花入暮猶愁熱，低面深藏碧傘中」。炎夏傍晚，在這樣的詩意裡，是否能找到如詩人楊萬里在荷花池畔納涼的意趣和快感呢？

要不就到鄉間感受一下大暑節氣。這時節，四野裡全是一人多高的玉米地。伏天裡是長勢最旺的時期，寬大的玉米葉子在陽光下閃著微光，秀出的腦纓輕輕搖晃著，遠遠望去，廣袤的原野如蕩漾的水波。穀子冒出的穗正迎風點頭，豆秧子上掛滿的豆莢彷彿相互拍手。錯落有致的豆棚瓜架，熱熱鬧鬧，菜畦裡的綠色菜苗蓬蓬勃勃，還有時令水果都已成熟，採來嘗鮮自當別有滋味。

盛夏時節，中午知了叫，晚上蛙打鼓，田野間還有蟋蟀、蚯蚓們正藏在菜棵裡，躲在草叢中，彈奏著各自的琴弦，此唱彼和……在這個暑天，若能靜下心來，感知這些小生靈們的歡樂，倒也不失為一種避暑的好辦法。

因為「心靜自然涼」啊！

閻煒生　書

〈登殊亭作〉元結（唐）

時節方大暑，試來登殊亭。憑軒未及息，忽若秋氣生。

主人既多閒，有酒共我傾。坐中不相異，豈恨醉與醒。

漫歌無人聽，浪語無人驚。時復一回望，心目出四溟。

誰能守纓佩，日與災患並。請君誦此意，令彼惑者聽。

秋

‖涼風漸至・立秋‖

雖說節氣不等人，可從大暑到立秋這半個月，還是讓人覺得炎炎煎熬，好不難過，無處躲避的酷暑似乎令時光都被這濕熱蒸騰得漫長了些。甚至人們調侃說，天氣進入了燒烤模式。這樣的天氣的確令人「苦不堪言」。昨天一個朋友打電話問我：你的節氣系列寫到哪了？我回答說：該立秋了。

朋友即刻興奮起來：快點立秋吧，大熱天的太難熬了！我提醒道：你別高興得早了，今年的中伏是二十天，就是立了秋，天氣也還要熱一陣呢，再說還有人們常說的「秋老虎」……

覺得大熱天時光漫漫，是因為暑熱難熬造成了我們自身的錯覺。

其實，時光總是不緊不慢，依序推進。大暑過後，立秋節氣也應時而至。

立秋是二十四節氣的第十三個節氣。按農曆，立秋是七月的節氣。但按公曆，立秋一般在八月七至九日之間，這時太陽到達黃經一百三十五度。

「立秋之日涼風至」。作為一個季節類節氣，立秋標誌著秋天的開始。雖然今年三伏天為四十天，立秋尚在中伏之內，暑熱並未全消，但一早一晚，已經有了涼爽的感覺。

「悲落葉於勁秋，喜柔條於芳春」。回望季節輪迴的時光那端，初春的欣喜還依稀不遠，而今濃綠酷夏即將過去，勁秋之悲倏忽已到眼前，不由讓人生出光陰流水之感。這樣的一種感懷，常常被人誤解為多愁善感，其實不然。古人於一春一秋之間，所領悟的是生命之代序，所感懷的是宇宙之無窮，這就是我們的生命哲學啊。

關於立秋節氣，《月令七十二候集解》是這樣說的：「七月節，立字解見春。秋，揫也，物於此而揫斂也。」意思是，立秋，是秋季的開始，立代表始建；立秋之後，天氣由熱轉涼，陽氣漸收，陰氣漸盛，故要收斂，有「秋收冬藏」之說。

在一年的二十四節氣中，四季的第一個節氣都要以「立」開始，立春，立夏，立秋，立冬，一個「立」字讓人真切地感到不同的季節變幻著衣裝活生生地走到眼前。立秋不僅預示著炎熱的夏天即將過去，秋天即將來臨。也表示草木開始結果孕子，收穫季節到了。

因此，古人把立秋當作夏秋之交的重要時刻，是一個由來已久的傳統節時。早在周代，逢立秋日，天子親率三公九卿諸侯大夫到西郊九里之處迎秋，舉行祭祀秋神儀式。

秋神何也？秋神名叫蓐收。

從古籍中我們可以看到描述蓐收的模樣：左耳上盤著一條蛇，右肩上扛著一柄巨斧，乘兩條龍在空中騰飛。《山海經》上說他住在能看到日落的泑山。

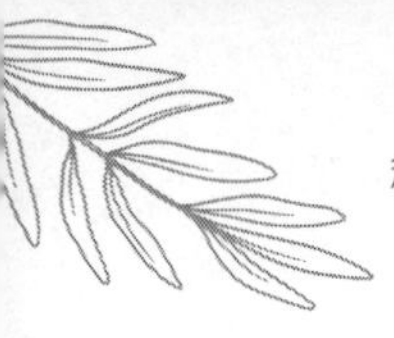

有人說蓐收為白帝之子。還有說他是古代傳說中的西方神明，專事司秋。據《淮南子．天文篇》上說：「蓐收民曲尺掌管秋天……」

也就是說他分管的主要是秋收科藏的事。每到秋天，草木搖落，碩果纍纍，動物的幼崽也已長大。此時，蓐收會手持一把曲尺丈量著收穫的果實。

蓐收耳朵上的蛇寓意著繁衍後代，生生不息。《詩經．斯干》裡說：「維虺維蛇，女子之祥。」如果夢到蛇，會生一個漂亮女兒。傳說中的女媧是「人首蛇身」。「蛇身」不只是表示某種圖騰崇拜，還指身材好，曲線玲瓏，婀娜多姿。許仙痴迷的白娘子，就是白蛇幻變的美女。

蓐收肩上的巨斧，表明他還是一位刑罰之神。古時處決犯人，都是在立秋之後，叫秋後問斬，令秋天有了殺氣。「悲哉秋之為氣也，蕭瑟兮草木搖落而變衰」。

所以蓐收到來的時候，總帶有一股涼意。

對這涼意最為敏感的是梧桐。立秋一到，它便開始落葉。正如古人所說「梧桐一葉落，天下盡知秋」啊。

一葉知秋，立秋時節的樹葉最有智慧，它像一枚季節的信使，傳遞著天下的大事小情，傳遞著季節的喜怒哀樂。

說起「葉落知秋」這個成語，我記起早先曾讀過的近代學者、書法家吳玉如先生的一段逸事，吳先生學養深厚，書法一流，治學嚴謹。

這段逸事大意是說吳玉如先生當年講課時測試學生文學智商，他出的試卷上有這樣一道填空題：「一葉落（）天下秋」。答案填「而」字滿分，填「知」字及格，填「地」字不及格。「而」是虛詞，有想像空間；「知」是實詞，可是太實了；「地」，葉子不落在地上還能落在哪裡？所以這個答案肯定不及格。這道填空題，依然可以作為今天的試題，在立秋之日考考我們自己，應該算是關於立秋文化最簡單卻也最有意思的測試。

梧桐，在南北方鄉村田野都常見，春末，一串串、一簇簇喇叭狀的淺紫色桐花高舉在空中，微風中愈顯清雅。而古人對梧桐似乎情有獨鍾，字裡行間總是寄予許多美好。《花鏡》上說：此木能知歲。

它每枝有十二片葉子，象徵一年十二個月。如果閏月，就會多長出一片。梧桐在清明節開花，如果不開花，這年的冬天就會十分寒冷。

在院子裡栽上一棵梧桐樹，不但能知歲，還可能引來鳳凰。「鳳凰鳴矣，於彼高岡。梧桐生矣，於彼朝陽」。鳳凰非梧桐不棲。因此，民間才有俗語說：「栽下梧桐樹，引來金鳳凰。」

所以，歷代皇宮裡是一定要栽梧桐樹的。

史書載，立秋這天，太史官早早就守在了宮廷的中殿外面，眼睛緊緊盯著院子裡的梧桐樹。一陣風來，一片樹葉離開枝頭，太史官會立即高聲喊道：「秋來了。」於是一人接著一人，大聲喊道：「秋來了」、「秋來了」，秋來之聲瞬時傳遍宮城內外。不等回聲消失，盔甲整齊的將士們護衛著皇帝蜂擁而出。他們要去郊外的狩獵場射獵。射獵有兩重意思：一是表明自即日起，開始操練士兵；二是為秋神準備祭品。

在皇帝狩獵的同時，遙遠鄉村裡的人們也忙碌了起來。

過去民間有在立秋時占卜天氣涼熱的風俗。東漢崔寔《四民月令》說：「朝立秋，冷颼颼；夜立秋，熱到頭。」古人的生活經驗，或許依然是我們今天最好的參照。過去人們那有板有眼的日子，總會讓人想念那從容不迫的生活日常。宋人范成大就為我們描繪了一幅立秋的風俗圖畫：「折枝楸葉起園瓜，赤小如珠咽井花。洗濯煩襟酬節物，安排笑口問生涯。」從唐宋時起，有在立秋日用井水服食小赤豆的風俗：取七粒至十四粒小赤豆，以井水吞服，服時要面朝西，這樣據說可以一秋不犯痢疾。

舊時立秋之日，男女都戴楸葉，以應時序。當然，是為了取楸和秋字的諧音，表示與秋共舞的意思。不過，也說明樹葉和立秋的關係確實密切。春天，小孩子或女孩會在頭上戴花，但是，立秋是不會戴花的。這個習俗曾廣為流傳，可如今卻在一些傳統文化根深蒂固的鄉間也無從尋覓。我記得當初生活的鄉村，就有立秋之日戴楸葉的說法。那時，那個偏遠封閉的小山村，溝壑間生長著很多楸樹，筆挺的樹幹高約三四丈，每逢開花，楸樹都是密密密麻麻的白紫色花團，如樹頂戴了一個碩大的花冠，那花香伴著甜甜的味道瀰漫在空氣中，十分好聞。待花期一過，就會有條狀的果實掛滿枝葉間。這些綠色條狀的果實長約尺許，密實實地垂在枝葉間，真是別有一番景象。

楸樹木質紋理細密，光滑厚實。那些年，窮苦的鄉親們辦紅白喜事，打家具做壽板，都是用楸木。而每到立秋日，大人們就會摘幾片楸葉，幫孩子戴在頭上，頑皮的孩子們就會頂著楸葉在麻池裡手腳並用渾水四濺學狗甩動身體；而愛美的女孩子們，則把楸葉剪成不同的花樣，插在髮髻上。

當年，農人們使用自然資源都還懂得環境維護，永續發展，到了現在，只有無序的砍伐以換取更多的利益……那曾經舉目可見的揪樹差不多被砍伐光了，我幾次回去都再難見到揪樹的身影；而小山村人口也越來越少，幾乎只剩下老弱病殘。這眼見的衰敗，不能不令人扼腕嘆息。

隨著那些秀美挺拔的揪樹消失的，還有那些古老的習俗——鄉村都被現代喧鬧的生活擠壓的氣喘吁吁，瘦弱不堪，更不要說那些千年流傳的古意風俗了。

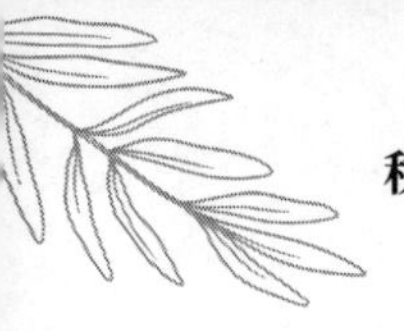

立秋的民俗還有很多，除了戴楸葉，還有秋進補、吃瓜果、不喝生水。戴楸葉的傳統如今已經消失，但是，與日常息息相關的後三者依然存活在我們的生活之中。

任何時候，與吃相關的習俗幾乎都頑強地延續下來。

不能再喝生水，是說夏天天熱喝點生水還行，但節氣到了立秋，這時候的生水叫作「秋頭水」，喝了會鬧肚子，還會生疹子。

吃瓜果，當然是說這季節正是瓜果上市的時候，可以趁機多吃一些。

這裡的瓜，指的不僅是西瓜和香瓜等甜瓜，還包括黃瓜、絲瓜和苦瓜，都應該是多吃而益善。而「秋進補」則最為人們熟知而善用——夏天人體消耗很大，要在立秋時補充一下營養。天氣漸涼，胃口漸開，何樂而不「吃」？「秋進補」講究的是要吃紅燒肉、涮羊肉、熬雞湯……在過去農人貧窮，立秋之後，就是家裡再窮，哪怕是襪子露出腳跟了，也得想方設法美餐一頓。現在生活條件好了，每到立秋，家家戶戶都變著花樣「秋進補」，城鄉上空到處瀰漫著肉香的味道。

是啊，熬過了「苦夏」，人們先用味覺迎接又一個秋天的到來，這是再自然不過的事情。

古代將立秋分為三候：「一候涼風至；二候白露生；三候寒蟬鳴。」

初候，經過大暑的大雨，暑氣漸消，熱風已改為徐徐吹來的涼風；二候，是說立秋之後早晚溫差漸大，夜間濕氣接近地面，在清晨形成白霧，未凝結成珠，有秋天的涼意；三候寒蟬鳴，與夏至第二候「蟬始鳴」相呼應。在秋天叫的蟬稱為寒蟬，寒蟬感應到陰氣生而開始不停鳴叫。

在這蘋花漸老、暑去涼來、寒蟬始鳴的時節，一個更美好的節日 —— 七夕節再次從銀河星漢的太空降臨人間。

今年立秋在七月初五，兩天後便是七夕節。七月蘭花清香溢。

農曆七月又稱蘭月，許多品種的蘭花在七月吐芳，馨香無比，故此得名，而七月初七晚上又稱為蘭夜。千百年來，少女們總是「七夕節」的主角。

這個寓意愛情的節日，最初的本意卻包含著生命之數和原始的生殖崇拜意味。比如正月初七是人日，人有七竅，中醫有七傷，人死後四十九天才能超度……七也是女人生理之數，《黃帝內經·素問》說，女子七歲腎氣盛，換齒長髮；十四歲天癸至，始有月經；到四十九歲，天癸竭才形壞不再懷子，從此進入更年。由此，七夕實為女子乞求生育的節日。

七夕節最早淵源可能在春秋戰國時期。牛郎原名牽牛，牽牛與織女本是星座名稱，《史記·天官書》的說法，牽牛

星是犧牲，織女又稱「天女孫」。《詩經．小雅．大東》剛出現織女牽牛的說法是這樣的：「維天有漢，監亦有光。跂彼織女，終日七襄。雖則七襄，不成報章。睆彼牽牛，不以服箱。」此為牛郎織女神話之雛形。織女、牽牛尚為天漢二星，「七襄」是指織女星「終一日歷七辰」，一日移位七次，也就是逢七來復。「服箱」是說亮閃閃的牽牛星不能拉車載箱啊。連繫後面兩句「東有啟明，西有長庚。有捄天畢，載施之行」，是說面對滿天星象，牽牛織女星座距雲漢無涯，嘆在天宇下一切徒勞。

到東漢人流傳的〈古詩十九首〉，牽牛織女星相對相視的味道突顯出來：「迢迢牽牛星，皎皎河漢女。纖纖擢素手，札札弄機杼。終日不成章，泣涕零如雨。河漢清且淺，相去復幾許？盈盈一水間，脈脈不得語。」織女佇候在那裡的潔素明媚，牽牛在深遠迷離的遠處眺望，人物形象已隱現其中，呼之欲出。邈遠迢迢，這距離就成了悲愴。最後的「脈脈不得語」，已經為後人演繹愛情神話留出了空間。至南朝梁殷芸《小說》（《月令廣義．七月令》引）中云：「天河之東有織女，天帝之子也。年年機杼勞役，織成雲錦天衣，容貌不暇整。帝憐其獨處，許嫁河西牽牛郎，嫁後遂廢織紝。天帝怒，責令歸河東，但使一年一度相會。」則牛郎織女的神話故事梗概於此成型，並且正式成為屬於婦女的節日。

七夕節的形成與民間流傳的牛郎織女的故事，被世代追求美好愛情的人們逐漸演繹，善良的人們在對宇宙星空的新奇想像和這份深信不疑的美好中，也生發出了那麼多有意思的風俗——農曆七月初七早上起來，就會發現平時樹上嘰嘰喳喳的喜鵲全不見了。它們都飛去了天上，為牛郎織女搭橋相會。織女負責紡織天上的彩雲，七夕這天她會把最美的雲彩拿出來。而地上的女孩們，也會在這天比美。她們一早就興致勃勃地忙著把自家院裡種植的紅紅指甲花瓣摘下，搗成紅豔豔的汁，塗在指甲上爭奇鬥豔。比誰染的指甲更紅，誰的指甲更好看，興奮地嘰嘰喳喳說個不停。這天然的染指甲環保無害，會保持很久。比時下昂貴的名目繁多的化工指甲油不知好多少倍！

織女是最心靈手巧的仙女。七夕這天因為跟牛郎會面，心情好，她就會把巧甚至愛情賜給誠心向她祈求的人。

所以，人間便演繹出許多乞巧方法。有些女孩會盛一碗水，放在陽光底下曬一曬，然後向裡面投下繡花針。如果針沉了，就得不到巧。如果不沉，就有巧。但是能得到多少巧呢？要看針投在水底影子的圖案。像花、像雲，巧就多；如線、如錐，巧就少了。

這樣一個屬於女兒的節日，大家一起乞巧的熱情異常高漲。姐妹們會圍坐在一盆清水的周圍，摘了瓜蔓或是葡萄蔓

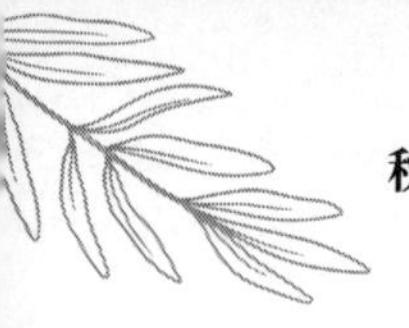

上的嫩芽，一葉葉丟到水中。沉了，或是直直地躺在水面上的，就不巧。巧手投出的嫩芽，會像簪、像花、像鉤，形象越美，這投芽的人，得到的巧就越多。

在乞巧的女孩中，總有一些「另類」的方法使其甘願冒險。那些膽大點的女兒家，還會抓一隻蟢蛛，把它關在盒子裡，到第二天起床，看它結的網是多是少，是密是疏。多而密，就得到巧了。

而七夕的晚上，那些有情意的少男少女總是遲遲不肯睡覺，他們躲在瓜架子下面，偷聽牛郎織女的情話，更多的是趁這樣的夜晚彼此交心。「七月七日長生殿，夜半無人私語時。在天願作比翼鳥，在地願為連理枝」。

這是多麼美好的祝願，可生死總是相依相伴。感念生的美好，也不忘記逝去的親人。

七夕過後七天，便是中元節。中元節是人們俗稱的「鬼節」。

有關中元節，佛家、道家都有一些說法，這裡我們略過不論，但此習俗卻影響深遠。中元節時，街上的店鋪要早早關門，把街道讓給亡靈回家。夜晚來臨，家家戶戶都要安排豐盛的酒席，擺上香燭，磕頭，祭祀，用極其隆重的儀式迎接祖先。所以，中元節，又叫作「孝義節」。這個節日至今在許多地區流傳延續。這天夜晚，在街頭巷口，都是祭祀先人香燭錁紙及各色供品，香菸裊裊，紙錢翻飛，一派「紙船明燭照天燒」的情景。

古人的浪漫與迷信是意境與想像，這使我們在冰冷的現代科技生活面前，多了一份延續的千年神祕，有了夢幻的色彩。

國人重親情，在秋天來臨豐收在望之際，告慰逝去的親人是理所當然的一件事情，只是應該注意合理祭祀，不可鋪張啊！

雖已立秋，然長夏未盡，莊稼仍在生長。田野裡的玉米、穀子、大豆、蕃薯、棉花，正一天一個樣。農人正好忙裡偷閒，過上幾個閒適的節日。

就在我寫這篇文章之時，一場大雨不期而至，倒讓暑氣消了一些。大雨過後，陽光復又熾烈。不知何時，一隻碩大明亮的蟬悄悄落在書房的窗紗上，突然一聲嘶鳴竟把我嚇了一大跳。於是，我趕快停止敲打鍵盤，靜靜地欣賞這上天派來的歌唱者。「知了知了啊」一聲接一聲的鳴叫，不由令我想起了許多孩童時的往事……這天地間的自然之聲，掠過我的心田，萬千的思緒忽然間就漫起了無邊的鄉愁！

張晉皖　書

〈立秋〉劉翰（南宋）

乳鴉啼散玉屏空，一枕新涼一扇風。

睡起秋聲無覓處，滿階梧葉月明中。

熱節之尾·處暑

處暑交節，馬上就要「出伏」。看樣子，立秋後連續的大熱天該慢慢地降溫了。「秋後一伏熱死人」，張牙舞爪的「秋老虎」，有時更勝炎夏。這正應了民間的俗話：「處暑天還暑，好似秋老虎」。

處暑是七月中氣，是二十四節氣的第十四個節氣。交節時間一般在公曆八月二十二至二十四日，這時太陽到達黃經一百五十度。

處暑交節兩天後，即八月二十五日左右「出伏」——炎炎炙烤了四十天的「三伏天」緊隨著處暑交節而結束。

但願天遂人願，隨著處暑交節，連續的悶熱天氣盡快轉換為「天涼好個秋」！

「處暑」一詞，由來已久。在兩千年前成書的《國語》中就出現了這個詞，而且是明確表示氣溫的。西漢淮南王劉安所著的《淮南子》，在「天文訓」篇中，已明確地將「處暑」列入二十四節氣，以後，一直沿用至今。《月令七十二候集解》一書，對這個節令的意思作了明晰具體的解釋：「處，去也，暑氣至此而止矣。」、「處」，古語是終止的意思。這表明了「處暑」的含義：夏日的暑氣開始退隱，炎熱的暑天就要結束了。

漢語的詞彙的確豐富。唯其豐富，才能將極其微妙的意

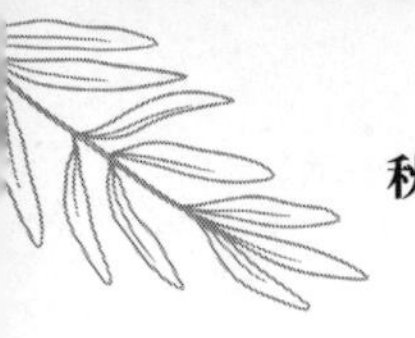

思表述得極其確切，由「處暑」一詞可見一斑。處暑，是表示氣溫情況的。但它又不像小暑、大暑那樣，明確表示炎熱；也不像小寒、大寒那樣，明確表示嚴寒。它所表示的，是由炎熱向嚴寒過渡時期的氣溫情況。

的確，作為一個氣溫類節氣，處暑標示著氣溫變化的節點。俗諺說「處暑天不暑，炎熱在中午」，即處暑時節白天炎熱，早晚就有溫差了。由此看來，處暑是熱節之尾，涼節前哨啊！

在二十四節氣中，處暑的存在感並不強，有的人不太理會這個節氣。甚至覺得這個節氣顯得總有點不那麼對勁，應該與立秋換一下才是。有時候我也會有這樣的念頭，甚至產生兩個節氣應該互換的錯覺。這是因何？你看，在大暑和處暑之間夾著一個立秋，雖然說立秋之後還有一伏，但一個「秋」字，總覺得應該和暑天是對立的。立秋意味著天氣就要涼快了，看到這個字眼，人的心境似乎一下子也感到涼爽。怎麼能將一個有些清涼、蕭瑟之意的「秋」，夾在兩個熱氣騰騰的「暑」之間呢？有此錯覺的恐怕不在少數，作家任崇喜先生對「處暑」節氣有這樣詼諧的形容：「明明立秋了，卻不給秋的情思。按說應該先處暑再立秋的，這先立秋再處暑，怎麼看都有點先結婚後戀愛的味道。」

崇喜仁兄語言生動形象，在隨後的文字中，對「處暑」

節氣的記述意趣盎然。

單單看到這幾個節氣的時候，一開始確實使人懵懂。可乘著眼下早晚間已然爽身的習習涼風，靜靜地思索這幾個節氣的相互關係和「處暑」字眼時，愈覺古人聰明。如前文所述，「處」是「止」的意思。老百姓有個說法叫「秋老虎」，就是立秋過後還要酷熱幾天，而處暑就是要把這隻「老虎」收進籠子了。暑氣至此而止，開始退伏潛藏，以待來年了。陽氣熾熱而催熟萬物後自然退位，陰氣開始瀰漫，才秋風漸肅。在古人的理念中，恭敬為肅，處暑後，鷹感肅氣擊鳥而祭，萬物收成而祀，都是恭敬天地的一種表達。而秋之整肅又為冬之休養，休養中才有更新萌生。季節輪迴，周而復始，自然之境神聖而莊嚴。

處暑節令，鮮明地反映出了氣溫變化的規律，給予人們啟示。

古人將處暑分為三候：「初候鷹乃祭鳥；二候天地始肅；三候禾乃登。」大意是說，處暑的第一候「鷹乃祭鳥」，說鷹自此日起感知秋之肅氣，冷酷地搏殺獵物。所獵之物要先陳列以為祭，因此古人稱鷹此舉為「義舉」。後五日「天地始肅」，這個「肅」的本意是「肅清」，就是先前悶熱混沌的「三溫暖」天氣因「肅」而清，所以，肅清後必帶來蕭瑟之氣。再五日「禾乃登」，禾是五穀各類，天氣肅殺後，莊

稼才有收成，成熟曰「登」。我們常說的「五穀豐登」便是這個意思。

小時候不懂節氣與物候，只記得這時節搏擊長空的老鷹抓小雞、抓蛇的情景，我曾不止一次看到過。那時幾個朋友看到天空中一隻盤旋的老鷹突然靜止不動時，就知道有好戲要開場了！我們以為老鷹要俯衝下來抓雞，於是，大家就齊聲吶喊自己編的童謠，以示驅趕：「第一箭射得高，射到個老雕；第二箭射得低，射到個螞蟻……」

一群童聲在山谷間迴響，但老鷹不為所動。突然間，天空中那個靜止不動的黑鷹像箭矢一般，朝著地上某個「點」俯衝而下，幾個朋友的驅趕吶喊被這奮不顧身的俯衝所震懾，變成了張大嘴巴的驚恐「看客」，心裡在想，不知誰家的雞又要倒楣呢！就在此時，但見急速俯衝的老鷹在著地的一剎那，竟演變為山頭草叢間的輕靈一掠，隨即劃一個弧形起飛。這時，會看到一條明晃晃的條狀物，在陽光下伸展、扭曲、纏繞 —— 原來老鷹抓了一條蛇！

沒想到好戲還在後頭。只見老鷹從空中再次俯衝下來，在離地有幾丈高時，將獵物對準山間的大石板狠狠摔下，緊跟著俯衝把獵物抓起又衝向高空，然後再俯衝、摔下、抓起，如此反覆。開始，蛇還糾纏反抗，可老鷹俯衝幾次後，蛇便命喪鷹爪。我們對這驚心動魄的搏殺看得目瞪口呆，一直到老鷹飛遠才回過神來。這時，我們幾個孩童會望著空中，充滿好奇地議論：「你說老鷹吃蛇，會不會像我們吃扯麵那樣痛快？」現在想來，這些充滿童趣的議論可愛又可笑。可多少年過去，每到這個季節，老鷹抓蛇的情景總會浮現眼前。

今年處暑交節前，剛過完中元節，民間稱「七月半」，百姓口頭則稱為「鬼節」。在前面章節中已提到中元節，百姓猶看重這個節日。從民俗文化的角度來看，這裡還想圍繞中元節再多說幾句。

這個節日的起源，源於中國本土宗教——道教的善惡敬畏。

道教有「三元」的說法，以農曆正月十五為上元，七月十五為中元，十月十五為下元。相對應的就有三個節日，其中上元節就是元宵節。道教又有「三官」的說法，即天官、地官、水官，天官賜福，地官赦罪，水官解厄。三官分別以正月十五、七月十五、十月十五為誕辰。時至今日，我們在晉地一些偏僻鄉間仍可看到「三官堂」供奉的天官、地官、水官。而中元節作為地官誕辰，相傳七月十五這天，地官會出巡人間，分辨善惡，並察看人鬼劫數，所以那些餓鬼囚徒也在這一天聚集起來，等待赦罪超度。

不僅僅是道教有中元節，佛教稱這個節日為「盂蘭盆

會」。「盂蘭」是梵語的音譯，意思是倒懸，是說人生的痛苦有如倒掛在樹頭上的蝙蝠，懸掛著，苦不堪言。為了使眾生免於倒懸之苦，便需要誦經，布施食物給孤魂野鬼。「盂蘭盆會」來源於「目連救母」的故事，傳說目連為佛祖十大弟子之一，號稱「神通第一」。說目連的母親在世時，為人不善，死後墜入餓鬼道。食物入口，就立即化為烈焰。目連為了救母親，求教於佛祖。佛祖教他在七月十五做盂蘭盆，擺上百味五果，供養十方大德高僧，以救其母。古時候在這一天，有些鄉村還會在村口搭起戲臺，唱《目連救母》的大戲，請人和鬼來看戲。高僧們也開始「放焰口」，向四方施捨饅頭、米麵、水果，來解除有主或無主的亡靈們可能會遇到的痛苦。

所以小時候每逢七月十五「鬼節」前後，大人會嚴厲地叮囑「七月半，鬼亂竄」，黃昏後不要到外面去玩耍。然後意猶未盡，滿臉神祕地壓低聲音說：夜晚聽到陌生聲音喊你的名字，千萬不要回應，一回應你的魂就被擄去了；單獨一個人在沒人的地方，特別是河邊，看到花花綠綠的東西千萬別去拿，那有可能就是鬼變的；還有看到路上田間旋轉移動的旋風，要躲著走開，那是鬼在走路呢，更不拿鐮刀鋤頭等砍旋風的中心，如果砍了會看到路面有幾滴血，那是你砍到鬼了，他要報復云云……各種說法繁多，至今記憶猶新。

今天，已經沒有人會相信上述的種種現象。如果說它是迷信，倒不如說是心懷浪漫情懷的古人對天地、自然的一種敬畏。保持一顆敬畏之心，讓我們在科學技術十分發達的今天，依然懷抱一絲古意去生活，敬畏自然，敬畏天理，敬畏生命，從而在飛速發展的現代社會中時時約束自己的行為，為善而去惡！

許多過去的習俗在演變，而中元節對先人的祭祀卻代代傳承下來。因為這是生者對祖先的緬懷，詮釋著後人對先人的思念，是一種對祖先發自內心的敬愛和感恩。

作為民俗文化，還有一個節日不得不提，那便是地藏王菩薩的生日——農曆七月三十，是地藏王菩薩生日。在過去，凡有供奉地藏王的廟宇，每逢此日，善男信女必往敬拜。人群絡繹，香燭興旺，有的廟宇敬拜活動甚為壯觀。地藏王菩薩因其「安忍不動如大地，靜慮深密如祕藏」而得名，在佛教諸佛中，地藏王菩薩的願力最強，據說默默祈禱其佛號，即可獲得護佑。地藏王與觀音、文殊、普賢共為四大菩薩，關於佛教節日，這裡不多贅述。

處暑節氣，瓜果莊稼即將成熟，原野上各色排列整齊的農作物就是這個季節的宏大象徵。莊稼們會聽憑節氣的安排，掌握自己的成長節奏，它們在利用最後為數不多的暑熱氣候盡快灌溉，努力使自己飽滿起來，趕在收穫來臨之前，

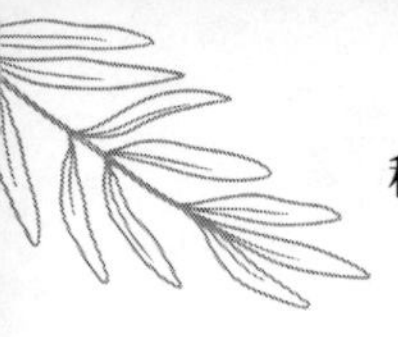

讓自己變得豐腴而壯實。

這時節，氣溫晝夜溫差較大，十分有利於作物體內物質的製造和累積。因此，處暑交節後，果實成熟的特別快，正像農諺說的：「處暑農田連夜變。」玉米抽雄吐絲，大豆成串結莢，高粱昂首向天，穀子俯首大地，山藥薯塊膨大……遍野的莊稼生機盎然，這樣的景象，正應了一句話：「處暑立年景。」

而農人則利用這段空閒，趕著時間採摘花椒。作為調味品，濃郁辛香的花椒家家都離不了，可有誰能想起花椒是在悶熱的「三伏天」裡採摘呢？

「花椒樹下吊死人！」一聽這句話就知道採摘花椒不是好工作。

每年這時節的採摘花椒真是一種痛苦的煎熬。悶熱的伏天，人站在花椒樹下，把一個荊條編的籮頭掛在樹間，一直仰著脖子，伸手在樹葉間隙尋找採摘。時間一久，腰酸脖子困、衣服早被汗水浸濕，而滿樹扁扁的花椒圪針會時不時扎到手上，麻疼無比，鮮血直滴。搶摘花椒期間，滿手傷痕纍纍。天天早出晚歸，前後二十多天，一刻也不敢耽擱。如果誤了採摘，花椒在樹上就會被曬裂，花椒籽就會掉到樹下草叢裡無法收拾。採摘回來的花椒過秤後還得趕快晾曬，最好趁毒辣的日頭一天曬乾，這樣花椒的色澤鮮紅，不然就會捂得顏色發黑，賣不出好價錢。這時節，午後大雨說來就來，曝曬的花椒被大雨淋濕就會減少收入，還得時時驅趕雞群和鳥兒對花椒籽的刨食。花椒曬乾裂開後，收好分等級出售。而黑油油的椒籽則收攏一起，準備榨油。色澤微黃清亮的花椒油鮮香提味，尤其拌涼菜、佐餐極佳。

處暑交節前後，鄉間到處瀰漫著花椒的鮮香。採摘花椒雖然辛苦，但看到紅豔豔的花椒帶來的收穫，人們的笑臉就跟此時節的天氣一樣，熱烈無比。

處暑節令一到，暑氣漸消，而天空一下子便顯得高遠起來。俗諺說：「七月八月看巧雲」，這時節天空明淨，再也沒有了夏日天際間成團翻滾、挾風裹雨而來的大團濃雲。高遠的藍天裡，只是形狀各異、疏散舒捲的「巧雲」，令人浮想聯翩。宋代詩人張耒就有「秋高孤月靜，天末巧雲長」之句。這正是人們準備暢遊郊野、迎秋賞景的好時節。

在高曠的藍天下，原野上呈現出一派成熟前的寧靜。城鄉間國槐花正香，碎碎的、翠綠的槐米一叢叢綻放在樹梢，香氣四溢。紅綠相間的石榴樹上還掛著尚未落盡的殘花，棚架下的紫葡萄和青葫蘆時時在頭頂引誘著你，房前屋後的蜀葵開得正妍麗，一街兩行的木槿就成為這時節最爛漫的風景。

除了這些賞心悅目的花卉，時序節氣還將一個秋蟲集會、鳴唱的初秋送到人們跟前。蟋蟀、禾蟲、金龜子、蚯

蛚、天牛郎、螢火蟲……它們齊齊地歡聚在此刻，盡情歌唱，令我們的生活充滿了意趣。看到這一個個熟悉的名字，我便想起小時候抓的情景。那時，我們並不知曉還有這個學名，只是根據外形有很多自己的叫法，比如「扁擔蚱蜢」、「大肚蚱蜢」等等，後來才知道「大肚蚱蜢」就是螽斯。小時抓的方法很笨，聽見的鳴叫後，看準時機脫下衣服撲上去，在衣服下一點點翻尋。有一次，我抓到一隻強壯的，在抓牠的時候，不小心被它如鉗子般的嘴齒咬破大拇指，鮮血直流。可我依舊小心翼翼地帶回家，用高粱稈皮編了一個小籠子，將其養在裡面。每天清晨去地邊摘兩朵帶著露水的南瓜花餵牠，一高興，後背上一對短短的、薄如蟬翼的透明翅膀就會振動起來，這時耳邊環繞的都是的鳴叫，美妙極了！

現在，生活在城市裡，很難聽到各種秋蟲們的歌唱，我們的耳朵裡全是各種機器的轟鳴和汽車輪子的呼嘯。種種人為的聲音遮蔽了自然之聲，大自然的天籟早被所謂的現代文明拒之門外。寫到這裡，想起某一年的此時節，參加一個筆會夜宿山村農家。暗夜闃寂中，聆聽了一整夜的蛙鳴蟲唱。那一夜，我在秋蟲的安慰中酣然入睡，夢境裡全是兒時久遠的從前……

是啊，在這天高雲淡時節，請到鄉野間走走，感受莊稼們在太陽下的蓬勃茁壯，聆聽秋蟲們於月光下的淺吟低唱，可好？

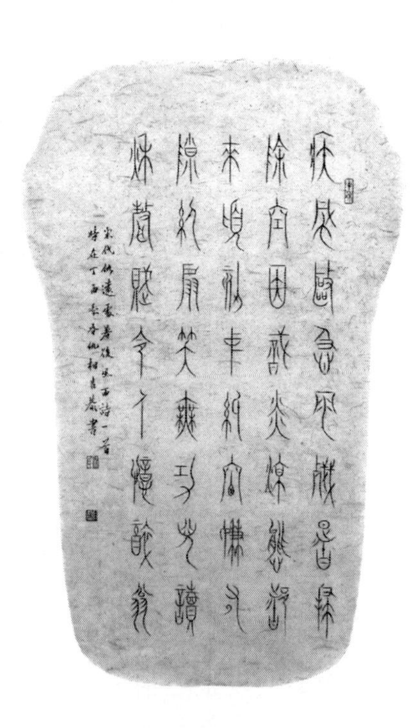

仇相吉　書

〈處暑後風雨〉仇遠（宋）

疾風驅急雨，殘暑掃除空。因識炎涼態，都來頃刻中。

紙窗嫌有隙，紈扇笑無功。兒讀秋聲賦，令人憶醉翁。

‖ 天朗氣清．白露 ‖

白露交節前的數日，天氣極好！天空湛藍，白雲飄飛，陽光明亮，大地蔥綠。沒有了暑氣和霧霾的滋擾，行走在絲絲涼風的晴空下，身心頓覺清爽無比。

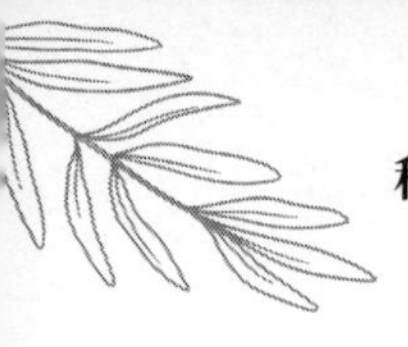

這樣的時節，連空氣中似乎都瀰漫著一絲懷想，秋天真就來了——才感嘆「三伏天」的暑熱難耐，誰知須臾間一個天朗氣清的白露節氣就到眼前，大自然總是以它的亙古不變，來提醒人們「敬天順時」、「循時而動」。

白露是農曆八月的節氣，時間在公曆每年的九月七至九日，視太陽到達黃經一百六十五度時為白露。

白露前後，夏日殘留的暑氣逐漸消失，天地的陰氣上升擴散，天氣漸漸轉涼，清晨的露水日益加厚，在草葉和莊稼葉面上凝結成一層白白的、毛茸茸的水滴，所以稱「白露」。在二十四節氣中，只有白露二字最具詩意。用「白」這樣的顏色形容詞來界定節氣，也只此一個。這使得白露具有了區別其他節氣的色彩特徵。因此，古人用五行來解釋白露便自有其道理：「秋屬金，金色白，白者露之色，而氣始寒也」，這樣的解釋極具傳統文化的智慧。

時序輪迴，年年白露。每當看到「白露」二字時，自然會想起《詩經》中的名句：「蒹葭蒼蒼，白露為霜。所謂伊人，在水一方。」

生長在河邊濕地的茂密蘆葦，顏色蒼青，那晶瑩透亮的露水珠已凝結成薄薄輕霜，那微微的秋風送著襲人的涼意，在這沁涼幽緲的秋日清晨，思見心切、望穿秋水的歌者，正用盡全力遠眺著蘆葦那頭、大河對岸的「伊人」啊！

蘆葦輕搖，秋水長天，這樣的時節，是該有一番思念。

白露這個名字很美，也很有詩意。但無論如何，這應是深秋裡的意境。所以，「白露為霜」的霜並非如此後霜降節氣之霜，霜降之霜為冰晶，而白露之「霜」是清露因氣溫驟降形成於草禾葉面上白茸茸的透亮水珠。對於露珠之美，有不少詩詞歌詠。唐代詩人韋應物一首五言絕句〈詠露珠〉，將其敏銳地捕捉到的露珠之美，非常形象生動地記了下來：「秋荷一滴露，清夜墜玄天。將來玉盤上，不定始知圓。」的確，「涼風至，白露降，寒蟬鳴」。這幾句話，出自《禮記·月令篇》，用來描寫眼下的物候現象，倒也很恰當。

古代將白露分為三候：「一候鴻雁來，二候玄鳥歸，三候群鳥養羞。」初候五日鴻雁來：鴻為大，雁為小，是不同的兩種飛禽。鴻雁二月北歸，八月南飛。這裡「來」當是往南飛的意思。

二候五日玄鳥歸：玄鳥就是燕子，燕子是春分而來，秋分而去，它是北方之鳥，如今紅花半落歸去也，燕語呢喃只待來年了。三候五日群鳥養羞：這個「羞」同「饈」，是美食。「玄武藏木蔭，丹鳥還養羞」，養羞是指諸鳥兒感知到肅殺之氣，紛紛儲食以備冬，如藏珍饌。

大雁歸去，燕子南飛，鳥兒們開始收藏過冬的食物。秋意漸濃的白露時節。一早起來，院外的花草樹葉上滿是晶瑩

的露水。舊時，講究的人家會早早起來，手中托著瓷盤，細緻地收取花草上的露水，回去煎茶。《本草綱目》上說，露水「煎如飴，令人延年不飢」。古人甚至相信，露水可以讓人長生不老。漢武帝曾為此在建章宮立了一個仙人承露盤。銅仙人有二十丈高，捧著銅盤玉杯，恭恭敬敬，承接天上的露水。

據說，不同的露水有著不同的功效。柏葉或者菖蒲上的露水可以明目；韭菜葉上的露水能去白斑病；草葉上的露水，會使人的皮膚變得富有光澤；花朵上的露水，能讓女子貌美如花。有史書上說楊貴妃每天清晨都要吸食花瓣上的露水。更多的人收集了露水是來飲用的。陸羽《茶經》上說，煮茶的水，「用山水上，江水中，井水下」。

《紅樓夢》裡的妙玉用梅花上的雪來煎茶。而最講究的茶客，是用露水煮茶，比起落雪，日出即逝的晨露似乎更難採集，所以更珍貴。

所有這些講究，是為一種雅趣，是衣食無憂的人們追求生活多姿多彩的點綴。

而農人卻沒有露水煎茶這等雅興，他們心事所繫的永遠是糧食的豐歉。《詩經·七月》中說：「九月築場圃，十月納禾稼。黍稷重穋，禾麻菽麥。」莊稼正在做成熟前的最後衝刺，農人卻為迎接即將到來的秋收碾壓場院、收拾糧囤。

微微帶著些涼意的空氣中，從早到晚都浮動著莊稼瓜果即將成熟的清香。白露時節，農家的飯食日漸豐盛起來，一年四季中蔬菜最多的秋季來臨，大海碗裡頓頓都少不了南瓜、豆角、茄子、番茄等，自家地裡種出的蔬菜，吃起來格外香！

所以，每到這時，家家都會在露水掛滿草尖的清晨，去地邊採摘當天最鮮嫩的各色菜蔬。趟著露水採摘鮮菜，這讓我想起一件奇事，事隔多年，至今仍不得其解 ——

那是白露時節的一個清晨，村裡有個女孩去村後自家地裡摘南瓜豆角。山路狹窄，草深露重，等摘好半布袋蔬菜後，鞋子褲管早被露水濕透了。末了，她乾脆捲起褲管背著布袋往回走。快到村口在一處空地邊休息時，被一條隱藏在草叢中的毒蛇咬了小腿。

女孩受到的驚嚇可想而知，連蹦帶跳地哭號導致蛇毒快速發作，小腿早已腫脹的明晃晃如檁條粗細。

然而，奇怪的事情發生在後面。

那時的山村，人或者牛羊被毒蛇咬了，鄉親們總是忌諱說「叫蛇咬了」，而是充滿神祕地說「草掛了」。牛羊山上吃草，人在地裡勞作，免不了有被「草掛」的時候，於是，有人就會「收傷」這門神祕的絕活。

相隔不到一里地的鄰村，有一個單身放牛漢會「收

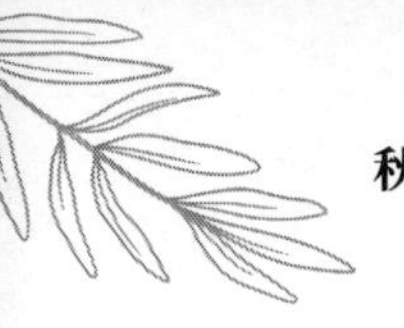

傷」。「收傷」是鄉親們的說法，就是收傷人會念咒語把被「草掛」的對象體內的蛇毒收出來，即可保性命無虞，幾日便痊癒。我親眼目睹了整個「收傷」過程。

放牛漢被人急匆匆地從山上找回來，坐在女孩對面進入狀態開始「收傷」。

只見他口裡開始念念有詞。慢慢地伸出右手掌，順著女孩的小腿往下劃拉，節奏不緊不慢，配合著他的念作一下接著一下。我蹲在近前看得真切，他手掌並沒有貼著小腿肌膚，只是順著腫脹的小腿在虛空中往下劃拉。然後快速地一連串「呸、呸、呸……」將口中的唾沫星子衝腿面噴去，那動作還是象徵性的，並沒有真正把唾液明顯吐到小腿上。「呸」完緊接著又是不停地念作，不停地用手往下劃拉……一遍又一遍。

也就是幾炷香功夫，就見女孩腫脹的小腿上慢慢地滲出了一層淡黃的水珠，整條腿在陽光下變得濕漉漉的。

人群中有人小聲驚呼：「快瞧快瞧，蛇毒收出來啦……」放牛漢操起身邊簇新的掃炕笤帚又順著小腿從膝蓋往腳面一下又一下地掃。依然離小腿有一指的高度，只是在虛空中做掃的動作。掃不了幾下，我就看到笤帚前端半寸長全變濕了。就見放牛漢拿起地上的剪刀，將笤帚已經濕透的半寸全部剪掉在身後的地上，並吩咐人把那些鉸下的濕乎乎笤帚尖小心掩埋……如此進行了數次，快晌午時才罷手。幾日後女孩果然恢復如初，照常下田工作。

這是我親身經歷的一件奇事。這些年，每每想起愈覺不可思議。

那年月，貧瘠的山村裡有著許多神祕的事物，至今想來無法解釋。時過境遷，放牛漢已經離世，有關「收傷」的法事在那一帶山村也已失傳。這樣一種事物，不知能否納入到我們常規的傳統文化中，但它確實在鄉野間存在過，並且給當年生活貧困、缺醫少藥的鄉親們帶來過實實在在的福音，甚至挽救了性命。

我堅信，這樣一種現象肯定不是迷信，儘管我無法給出科學合理的解釋。

白露時節，想起當年踩著濃重露水的勞作，也想起親身經歷的這件奇事，隨手記下，也算一段趣聞。

今年白露交節後，中秋節又緊隨而至。「露從今夜白，月是故鄉明」。白露臨近中秋，自然勾起人的無限離情。這時節，注定是思鄉思親的，白露含秋，滴落千年鄉愁！

中秋，三秋至此為半，一年中最有詩意的時節攜著滿天月光款款走到近前。

「中秋」一詞，始見於西周的《周禮》，但作為節日，則興盛於宋代。吳自牧的《夢粱錄》卷四《中秋》記載：「八

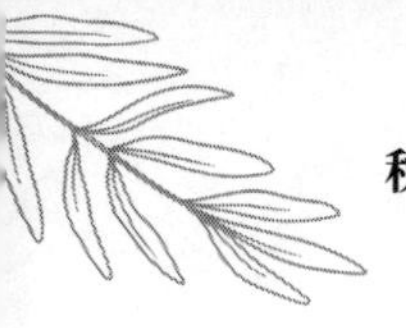

月十五中秋節，此日三秋恰豐，故謂之中秋。此夜月色倍明於常時，又謂之月夕。」

按照傳統曆法，農曆八月為秋季之中，故日「仲秋」，這裡的「仲」

即為居中之意。八月十五即居秋季之中，又居「仲秋」之中，所以稱為「中秋節」或「仲秋節」。因為中秋節和月亮有關，是日又要合家團聚，故舊時又有月夕、秋節、八月節、八月會、追月節、女兒節或團圓節的叫法。

中秋節的由來，與古代祭月風俗有關。《禮記·祭法》中有「夜明，祭月也」的記載。秦漢之前已經有秋分之夜，天子到國都西郊月壇祭月的規定。到了唐宋，有關祀月記載則更為詳盡。

上古神話有女媧捧月和嫦娥奔月的故事，山西作為神話之鄉，這些神話故事或多或少都與這片古老的土地有些關聯。如清光緒《長治縣誌》記載的上郝村西北天臺山，俗傳乃女媧煉石補天處。西漢劉安所著的《淮南子·本經訓》中的「三嵕之山」，指的就是上黨戰役主戰場屯留縣老爺山。傳說老爺山是「羿射九烏」之地，而山下村姑嫦娥則是英雄羿的妻子。一位仙人為彰其射日功績，送給羿長生不老之藥。羿將藥交與嫦娥保管，卻被徒弟逄蒙得知，乘羿外出時逄蒙逼著嫦娥交藥。嫦娥在萬分緊急時將藥吞下，瞬間，她身輕如燕，徑直飛向月宮。羿從此和嫦娥分居兩地，只能在中秋月明之時，設桌祭供。

這些神話故事至今依然在鄉間流傳，生生不息。曾讀到過民國時由陳果夫、邱培豪兩位先生合著的《時光的步調：中華民國生活歷》一書，書中針對中秋節有這樣的記載：「山西襄垣縣，則於是夕邀親友夜飲玩月，謂之團圓會。蓋皆狀是夕團欒之明月，以為所親者完聚之佳期焉。」既有此習俗，恐皆與「羿射九烏」、「嫦娥奔月」的傳說不無關聯。因為老爺山主峰雖在屯留境內，實乃屯留、襄垣兩縣交界之山，山下兩廂民風均有此俗，便可以理解了。

此俗流傳延展，故上黨城鄉民間看重祭月習俗便不足為奇。舊時，八月十五圓月之下，家家都在自家庭院中設香案方桌，上面擺滿祭菜、月餅和時令瓜果諸如石榴、葡萄、蘋果、梨棗等等。當然，月餅自然要擺到桌子中間。香燭高燃，滿庭芳香，全家人尤其是女性必先祭拜。這是因為，古人以為月為陰象，又與日對舉，被尊之謂「太陰星主」。相傳中秋夜，太陰還元，為月生日。俗稱月姐為女神，也就是傳說中的嫦娥。因此，祭月時則多由女子拈香拜之。

古往今來，月亮在人們心中是美麗、溫柔、恬靜和可愛的，集所有陰柔之美於一身。而「嫦娥奔月」、「吳剛伐桂」、「玉兔搗藥」，這些多情而美麗的神話，使得八月十五

明月夜，神祕而富詩意。

小時候，僅有的幾年中秋賞月經歷印象深刻。那時，母親總會唱著歌謠，講嫦娥奔月、吳剛伐桂的故事。每聽到此，小腦袋中滿是月宮桂影的無邊幻想。可這樣美好的日子，隨著一場運動戛然而止，成為我一生都揮之不去的精神創傷。都說「但願人長久，千里共嬋娟」，這月光灑滿的人世間，又有多少無法言說的離愁傷痛啊！

中秋節的傳統習俗除了祭月、賞月、吃月餅，還有觀桂花。桂樹被認為是月宮仙境中的唯一植物，又是人間清純的象徵，所以世間最高的友誼往往用「桂蘭之交」來比喻。「八月桂花遍地開」，中秋正是桂花飄香時節，賞月賞桂賞海棠，自是一番別樣意趣。

而對於孩子們來說，中秋節最美好的記憶莫過於吃月餅。相信現在的月餅比過去做工精細品種豐富，然而卻再也吃不出過去的味道和感覺。

城裡人對節氣沒什麼感覺，而在鄉間，中秋節一過便要忙碌了。

「白露前後籽半飽」，再過半個月到秋分時，忙碌的鄉間便開始秋播冬小麥和「三秋」大忙了。「白露前三天打核桃」，「白露高粱秋分豆」是說在大田裡，白露時節該收割高粱而秋分則要收割大豆了。這些諺語表明，打核桃、收高粱是「三秋」大忙即將開始的序曲。農人面對纍纍果實的歡欣從這些諺語中得到印證。

上黨一帶許多鄉村都種植核桃，品質優良。這些天，市場上早已有了新核桃和棗子，而且價格不菲。核桃作為時令果品，其營養價值極高，深受人們喜愛。只是這小小核桃還頗有些來歷：核桃原名叫胡桃，又名羌桃。據《名醫別錄》中記載，「此果出自羌湖，漢時張騫出使西域，始得終還，移植秦中，漸及東土……」羌湖古時指南亞、東歐及國內新疆一帶。張騫將其引入中原地區時，稱作「胡桃」。「胡桃」改叫核桃與從武鄉起家的後趙皇帝石勒有關。據史料記載，西元三一九年，時為晉國大將的石勒稱霸中原，其建立後趙時，由於石勒祖上為匈奴支系羌渠胡人，故忌諱「胡」字，所以把「胡桃」

改名為核桃，並一直沿用至今。說到核桃就多扯了幾句，算作題外話，就此打住。

白露節令一到，一年中最可人的時節真正來了。

按照傳統的說法，秋，分為孟秋、仲秋、季秋，謂之「三秋」。

孟秋在八月，仲秋在九月，季秋在十月。從我們自身感覺來說，我認為最能代表秋天特色、最具秋天性格的，非仲秋莫屬。你看，初秋，剛從炎夏脫胎出來，仍帶著暑熱之餘

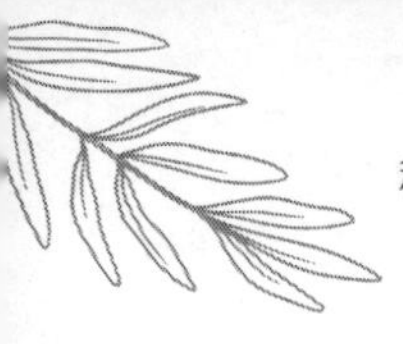

氣；深秋，則將要步入嚴冬季節，已有近冬之寒氣。唯有仲秋，處在夏季與冬季的正中，夏氣已消盡，冬氣還未到。天高，氣爽，雲淡，風涼，最是一年好時光。

然而，一切有生命的東西，總是依節而變。這樣的好時光，在露珠皎潔、秋風漸蕭的白露時節，萬物都隨之由榮而衰，「柔條旦夕勁，綠葉日夜黃」，「蟋蟀吟深樹，寒蟬向夕號」。古時，多愁善感的文人墨客，觀此變化，傷悲之情油然而生，並流於筆端。就連那氣勢恢弘的《楚辭》，也有這樣的詩句：「皇天平分四時兮，竊獨悲此凜秋。白露既下百草兮，奄離披此梧楸。」屈原之後的文人們，歷代悲秋者不在少數，而悲秋之作，更是汗牛充棟。把個天高雲淡、風涼氣爽的大好季節，寫得悽慘悲切。其實大可不必如此傷感，萬物興歇皆自然。

唐代詩人劉禹錫，寫過不少沉鬱悲愴的懷古詩，但他寫的〈秋詞〉，卻一反以往悲秋的格調：「自古逢秋悲寂寥，我言秋日勝春朝。晴空一鶴排雲上，便引詩情到碧霄。」這是多麼雄渾壯美的景象，為後人留下了秋天高唱豪邁之歌。

仲秋時節，金風裊裊，天清日麗，何不趁此良辰美景暢快人生！

這時節到鄉間去，可以看到田野裡的莊稼和蔬菜的姹紫嫣紅，可以看到枝頭的纍纍碩果。節令在大自然這個調色盤上，只輕輕一抹，一年四季中最豐富的色彩便呈現在我們眼前。

再過些時日，那個色彩斑斕，層林盡染的秋天，在「金風玉露」一筆一筆的描畫下，正準備著盛大登場呢！

史留俊　書

〈南湖晚秋〉白居易（唐）

八月白露降，湖中水方老。但惜秋風多，衰荷半傾倒。手攀青楓樹，足踏黃蘆草。慘淡老榮顏，冷落秋懷抱。有兄在淮楚，有弟在蜀道。萬里何時來，煙波白浩浩。

‖秋色平分·秋分‖

「八月十五月正圓，中秋月餅香又甜」。中秋月夜的溫馨、恬靜和美好，尚濃濃地留在人們心中，幾天後秋分節氣眨眼又到了。

中秋和秋分，一個是民俗節日，一個是歲時節氣。中秋節在陰曆八月十五，秋分節氣則多在陽曆九月二十三日，少數在九月二十二日，此時太陽到達黃經一百八十度。

翻閱古籍就會看到，中秋和秋分確乎有一種「血緣關係」。秋分這個節氣在二千多年前的春秋中期，就已測定並確立了名稱。與此同時測定的節氣還有夏至、冬至和春分。

至於中秋節，則源於祭月。古有「春祭日，秋祭月」之說，秋分曾是傳統的「祭月節」，而中秋節正是由傳統的「祭月節」而來。據考證，最初「祭月節」是定在秋分這一天，不過由於這一天在農曆八月裡的日子每年不同，不一定都有圓月。而祭月無月就太煞風景了，所以人們就將「祭月節」由秋分調至離秋分最近的一個望日，也就是陰曆的八月十五了。

因最早測出了上述四節氣，因此便制定了相應的時序祭祀。早在周秦時，古代帝王就有春分祭日、夏至祭地、秋分祭月、冬至祭天的習俗，其祭祀的場所分別稱為日壇、地壇、月壇、天壇，分設在東南西北四個方向。有關天子祭日、祭月的禮制很早便有記載。

《國語》中說：「大采朝日，少采夕月。」《禮記》中也有這樣的記載：「天子春朝日，秋夕月。朝日以朝，夕月以夕。」當時，鎬京（今西安）城西有月壇，每到中秋的晚上，帝王身穿白衣，騎白駒前往祭祀。此禮一直沿續到清末。所以，現在北京仍有這些建築遺存。北京的月壇就是明嘉靖年間專為皇家祭月修造的。古時，秋分祭月乃國之大典，士民不得擅祀。可是，嚴格的規定怎麼能阻擋人們望月懷遠、借月抒情呢？大自然的美好人人嚮往，於是，披星戴月奔波中的人們，就把心中的祈盼和情愫寄予明月，並將中秋之夜賦予了許多神性和美好。

秋收前的這時節，秋高氣爽玉宇無塵，天地清澈而日月明麗，故「月到中秋分外明」。人們祭月時為月的溫柔美麗所吸引，觸景而生情，思鄉且感懷，久而久之祭月延伸為賞月的風俗，便成了中秋佳節。

中秋之夜，皓月當空，銀光漫漫，人們吃著月餅、瓜果，仰望夜空，不免萬斛思憶，活潑靈動，想像出種種美妙的神話：嫦娥奔月、吳剛伐桂、玉兔搗藥……

正因賦予了中秋月夜純美的神話和豐富的文化內涵，所以這個節日便特別地令人牽念。「今夜月明人盡望，不知秋思落誰家」。在萬家團圓的中秋之夜，也是人們情思綿遠、騷客鄉愁濃郁的時刻，古往今來，由此誕生了多少或美妙或傷懷的詩句啊！

萬古如斯，一輪明月總在此刻牽動人心。

如果說，中秋節是詩性的擴張，那麼，秋分則是科學思維的結晶。

在二十四節氣中，秋分和春分遙相對應。春分這天，太陽到達黃經九十度，陽光直射地球的位置，由南半球回到赤道。秋分這天，太陽到達黃經一百八十度，陽光直射地球的位置，由北半球回到赤道。如同春分日一樣，秋分來臨，這又是一個晝夜等分之日。秋分之「分」為「半」之意。除了晝夜等分之說，秋分處在「秋三月」九十天的第四十五天，正好平分了秋季。所以就有了「平分秋色」的說法。

《春秋繁露·陰陽出入上下篇》中說：「秋分者，陰陽相半也，故晝夜均而寒暑平。」多麼簡練而準確的記述。秋分與春分前後，都是風日晴和，溫涼適宜的時節，所謂春秋佳日。況秋在四時中對應五行中的金，故人們也將秋天稱為金秋，而這時節田野之上，莊稼成熟，果實纍纍，大地也被季節塗抹得一派金黃。所以清代詩人紫靜儀在〈秋分日憶用濟〉中寫道：「燕將明日去，秋向此時分。」便是此刻「金氣秋分」之象。

古人將秋分分為三候：「一候雷始收聲；二候蟄蟲坯戶；三候水始涸。」秋分，八月中。初候五日雷始收聲，對應春分的「雷乃發聲」。是說雷在陰曆二月陽中發聲，八月陰中收聲，所以秋分後很少再有打雷閃電的現象。這讓人想起一些寺廟中常繪有的雷公電母壁畫，秋分之後，忙碌了一個夏季的雷公電母也該歇歇了。

實際上雷始收聲是因為秋分之後秋燥之氣漸盛，乾燥的空氣難以形成雷電，所以雷聲便消失了。二候蟄蟲坯戶，《月令七十二候集解》中說：「蟄蟲坯戶，淘瓦之泥曰坯，細泥也。」就是在穴口用細土壘一小高堰。是說眾多小蟲在上一候應時都已經穴藏起來了，即「萬物隨入也」，此候應用細土封壘洞口以減少寒氣侵入。實際上是說冬眠的蟲子開始儲備食物、挖洞穴，準備蟄伏過冬了。三候水始涸，涸是枯竭之意。此時降雨量開始減少，由於天氣乾燥，水氣蒸發快，所以湖泊與河流中的水量變少，一些沼澤及水窪處開始乾涸。古人對節候的記述總是這麼的精妙，嚴謹於筆下，想像於界外。這讓人想起唐代詩人元稹〈詠廿四氣詩·秋分八月中〉中理性而又浪漫的吟唱：

琴彈南呂調，風色已高清。
雲散飄颻影，雷收振怒聲。
乾坤能靜肅，寒暑喜均平。
忽見新來雁，人心敢不驚？

首句指從音律上說，八月屬於「南呂」。「南呂」響起而雷聲隱匿；雲清氣肅而晝夜平分。北雁又南飛，讓人猛然

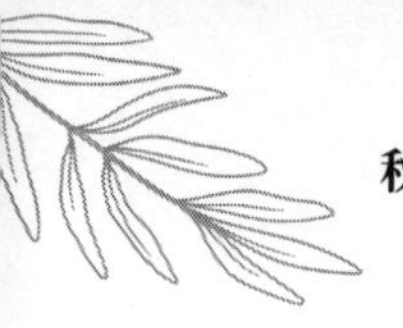

間驚覺時光的流逝。這首吟詠秋分的詩作充分調動人們的聽覺、視覺和觸覺來感知秋高氣爽、朗朗乾坤的清秋景色。

秋分之後，冬眠的動物紛紛開始做越冬準備。此時，民間則有很多民俗活動，除了前面談到的「祭月節」和中秋賞月的習俗，還有一些風俗為秋分這個節氣賦予了更多意義。

「秋分到，蛋兒俏」。在每年的春分或秋分這一天，很多地方都會有很多人在做「立蛋」實驗。選擇一個身量勻稱的新鮮雞蛋，輕手輕腳地豎放在桌上。

為什麼春分或秋分這天雞蛋容易豎起來？有人認為，春分、秋分是南北半球晝夜等長的日子，地球地軸與公轉軌道平面處於一種力的相對平衡狀態，雞蛋較容易立;也有人說，春秋分時節天氣晴朗，人的心情舒暢、思維敏捷，動作也俐落，有利於立蛋成功。雖各種說法不一，但秋分立蛋這項有趣的民俗活動，卻令人樂此不疲。

有關立蛋的趣味民俗，我已在春分節氣一章中有過記述，這裡不再贅述。

秋分期間，過去一些地方還有挨家送秋牛圖的習俗。所謂秋牛圖，是把半開紅紙或黃紙印上全年農曆節氣，還要印上農夫耕田圖樣，美其名日「秋牛圖」。送圖者都是些民間善言唱者，主要說些秋耕吉祥、不違農時的話，每到一家更是即景生情，見什麼說什麼，說得主人樂呵呵，捧出錢來交換「秋牛圖」。言詞雖即興發揮，隨口而出，卻句句有韻動聽，民間俗稱「說秋」，說秋人便叫「秋官」。

據說，秋分遇到「秋官」很吉祥。這到讓人想起正月十五鬧元宵的風俗，一些自發組織的舞獅隊，會挨家挨戶表演。鑼鼓一響，舞獅上場，自家門口煞是熱鬧。表演完畢，主家會拿兩包香菸或者一百塊錢送上，當然多少隨意，無非是過節討個吉利。

這是田野上生長的習俗，這樣的習俗傳達著先人們樸素的願望，是自古以來人們與自然共處的生活情趣。可是，這樣的習俗卻日漸式微，甚至消失，民間的沃土很難抵擋現代生活方式的衝擊，我們該去哪裡找回關乎從容、關乎虔誠、關乎「敬天順時」的生活呢？

但我依然願意想像，在「秋官」滿口吉利中迎接又一個秋天的到來。

「新築場泥鏡面平，家家打稻趁霜晴。笑歌聲裡輕雷動，一夜連枷到天明」。宋代詩人范成大的詩早已把我們帶入「三秋」大忙季節。這時節，秋收、秋耕和秋種顯得多麼緊張。當辛苦勞作的農人們在豐收的笑聲裡聽到偶爾一聲輕雷隱隱傳來，秋雨微微而下的時候，於是挑燈夜戰，打穀的連枷揮舞不停，直到天明。雖然詩人寫的是南方的秋收，而北方秋分時節的田野上又何嘗不是如此的忙碌！

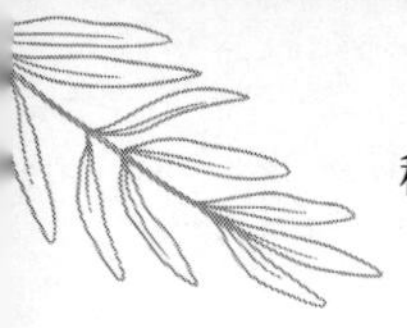

「秋分十日無生田」。此時節，整個大地都熟了！掰玉茭、割穀子、收大豆⋯⋯搶收莊稼一件接一件，不得片刻停。秋收就是一場大戲，人們起早貪黑搶收，生怕遇到連陰天，一年到嘴的糧食爛到地裡。我待的山區，比不得那些平川。秋收時，好多山坡地牲口到不了地邊，只能人背肩扛下山，到平點的地方再由毛驢車拉回到穀場上，山上山下扛著穀捆、挑著玉茭往返多趟，有時累得連話都說不出來。

穀場上，掰回的玉茭成堆，掐下的穀穗、收回的大豆正在曬打，一派有條不紊的忙亂景象。玉茭要撕皮、辮起來，然後往穀場邊早已栽好的木桿上纏繞，一圈一圈可達兩丈多高，慢慢晾曬。而穀穗和大豆則攤在場上抓緊收打，套上牲口拉著碾滾子，轉著圈反覆碾壓、一遍遍翻場，然後揚場、簸撿、裝袋，天黑時分把當天收打的糧食全部過秤入庫。

當然，場上莊稼堆積如山，一時半會收打不完，領頭人早已吩咐人在場邊搭好一個小窩棚，安排人晚上看場。看場也是個好工作，兩個人做伴，躺在窩棚裡望著滿天星斗有一句沒一句地閒聊，要不就從玉茭堆中翻找些嫩玉米，在場邊點火燒烤吃。那年月缺吃少喝，每每這時都是最有興致的時刻。

正因為糧食不夠吃，才有人半夜到穀場偷莊稼。我看場時遇到過幾次，但都悄悄地把人放走 —— 農人不容易，累死累活一年下來連嘴也糊不住。我深有體會，餓的滋味不好受！

為此，我也曾有過「偷秋」—— 秋天是農人最好的季節，只要帶著取燈兒（火柴），在地裡什麼都能偷偷地燒著吃。我們經常下地回來時，會偷幾穗嫩玉米煮著吃。最可怕的一次「偷秋」差點出了人命！

那年月，一年也見不上個水果，真是太饞了。於是我們幾個飢饞難耐的小青年，盤算著去生產隊的果園偷蘋果吃。幾個人趁著夜色摸到兩里外半山腰的果園，從插滿酸棗圪針丈許高的地堰邊悄悄爬到果園裡。正蹲在樹下狼吞虎嚥吃蘋果時，沒想到看守果園的人聽到了動靜，他拿著手電筒往這邊一晃，大喊一聲：「誰啊？！」

緊接著「嘣」一聲槍響，我們頭頂就如暴風颳過一般，密集的鐵砂呼嘯而過，蘋果樹葉紛紛落下。我們扔下手中的蘋果，像受驚的兔子一般竄出去，從一丈多高的地堰邊跳下，哪裡還顧得渾身扎的刺疼的酸棗圪針。其實我清楚，果園看守人是故意將槍口抬高的，否則那是什麼樣的後果啊。

多少年過去，在這個秋天蘋果即將成熟的時節，再想起這件事，依然既興奮又刺激 —— 誰沒有年輕的時候啊！

秋分節氣，由於氣溫降得快，不僅秋收要搶時間，而且秋耕、秋種也顯得特別緊張。據考證，中國很早就以「秋分」作為耕種的分水嶺了。漢代農學家氾勝之在其書中說：「夏至後九十日晝夜分，天地氣和，此時耕田一而當五，名

日膏澤，皆得成功。」漢末崔寔在《四民月令》中寫道：「凡種大小麥得白露節可種薄田，秋分種中田，後十日種美田。」而種田人的諺語，則說得更為明確、簡潔：「白露早，寒露遲，秋分種麥正當時。」、「秋分麥入土。」、「三秋」大忙時節，一邊收穫，一邊播種。人們在滿懷喜悅秋收的同時，又播種來年的憧憬和希望。季節就是這樣周而復始的。

秋天的美好在於收穫，秋天的美妙還在於秋蟲的吟唱。某日夜間在公園散步，沁涼的夜色中突然就傳來蟋蟀的鳴叫，那聲音微弱且又堅韌，與不遠處公園外大街上車水馬龍的喧囂持續地抗衡著。

這美妙的自然之聲誘惑得我乾脆停下腳步，駐足聆聽：徐徐地、緩緩地、沉沉地……我沉浸其中，眼前交替疊加出鼓琴、詠詩、下棋、投壺的鏡像，這些古人詩意盎然的生活，就如電影般一幕幕閃回。

我不知道這幾隻蟋蟀是不是唱給我聆聽的，但這秋蟲的吟唱卻多少修復了我的聽覺，一下子喚醒了心底濃稠的往事。我立於樹影下良久，在蟋蟀徐徐地吟唱中，就看到一個十五歲的年輕人，披一身月色，肩挑一擔剛掰下的玉茭穗，氣喘吁吁地行走在彎彎的山道上。兩邊的莊稼草叢中，是一聲聲秋蟲的鳴唱……

秋分時節，深秋正款款迎面走來。時序年年這般輪迴推演，又一個斑斕的金秋在高寥的天空下盛裝登臨。此時節登高望遠，看千山盡染，聽水落潮平，感萬物歸根，一年好景最須看。讓我們走出家門，去感受收穫，去感受秋山，享受大自然的饋贈。也可懷抱幾分小小的浪漫，隨手撿幾片楓葉、黃栌和銀杏作為書籤，帶著這一年的時光味道，夾在季節的記憶裡。

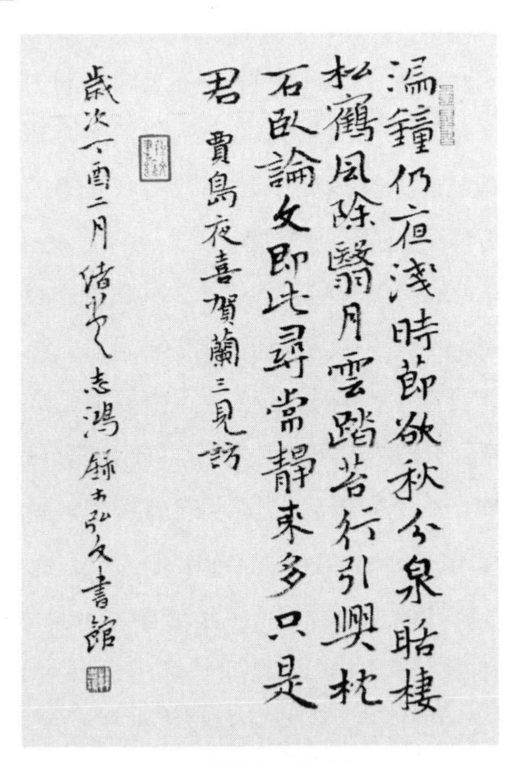

韓志鴻　書

〈夜喜賀蘭三見訪〉賈島（唐）

漏鐘仍夜淺，時節慾秋分。泉聒棲松鶴，風除翳月雲。

踏苔行引興，枕石臥論文。即此尋常靜，來多只是君。

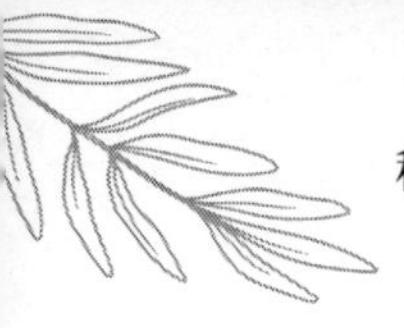

菊有黃花·寒露

初八交寒露，初九逢重陽，寒露交節前一天的一場綿綿秋雨，使天氣驟然寒涼。「一場秋雨一場涼」，氣候一個小小的變臉，眼前的景象就會改了模樣。回首想來，此時離上個秋分節氣也不過才半個月的時光。

是啊，秋分過後，秋夜漸長。時光倏忽間，寒露節氣便應時到來。一年當中，山川大地上色彩最為絢麗的景色如期而至。楓樹飄紅、栌葉飛黃、菊花散金，如畫的大地圖景在露水凝重的這個節氣裡盛裝登場。

寒露是九月的節氣。《月令七十二候集解》說:「九月節，露氣寒冷，將凝結也。」意指此節氣氣溫進一步降低，草木上的露水不僅發白，而且非常冰冷，快要凝結成霜了。天文上規定，太陽到達黃經一百九十五度時為寒露。

時到寒露，不由得想起上個月的白露來。這兩個節，皆因露而來，都是表示露這種物候現象的。不過，又有所不同。白露，依露的顏色而命名:「陰氣漸重，露凝而白也。」而寒露，則因露給人寒的感覺而得名。唐代孔穎在對《禮記·月令》有這樣的闡述:「謂之寒露，言露氣寒將欲凝結。」的確如此，白露後，天氣轉涼，開始出現露水，到了寒露則露水增多，氣溫更低，早起的露水便有刺骨的感覺。白露、寒露這兩個節氣的名字，既表示了物候的變化，也表示了氣候的變化。

從白露到寒露，時間雖只過了一個月，但氣候的變化，以及由此引起的物候的變化，卻是很明顯的。如果說，白露節標誌著炎熱向涼爽的過渡，暑氣還未完全消盡，早晚間可見露珠晶瑩閃光；那麼，寒露節則是涼爽向寒冷的過渡，露珠寒光四射。正所謂「寒露，寒露，遍地冷露。」

想起當年起早貪黑忙收秋，那時從地裡往回拾掇莊稼都是肩挑背扛，「三秋」大忙前後要持續一個多月。每天早起下地，趟過溝溝岔岔和旁邊的草叢，寒冷的露水即刻就把鞋子、褲管打濕了，冰涼沁骨，一直到半上午才能暖乾。可第二天早上又照樣被打濕，天天如此。「三秋」大忙，人都累個半死，根本沒時間和心情換洗衣服 —— 那時候農村窮苦，各方面條件很差，人也沒那麼多的講究，只圖每天能填飽肚子睡個好覺便知足了。所以說，很多時候，人是隨奈何走的！

閒話少說，我們還接著說節氣。寒露時節，露當然是主角。盡管露水只是在夜裡才降下。但是，它們就像一幕大戲裡那些主宰全劇命運的神靈，在倏忽一閃中，在不動聲色裡，主宰著季節的徵候。

讓絢爛了一個夏季的花朵盡情凋零，讓一池盈盈的碧荷殘敗，讓春天就開始蓬勃的樹葉枯萎飄落，讓「春風吹又生」的一茬茬百草在秋風寒露中搖曳變黃。古詩中說：「素秋寒露重，芳事固應稀。」又說：

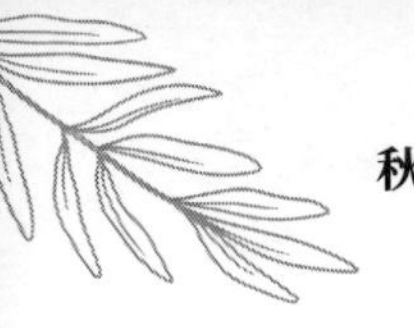

「九月寒露白，六關秋草黃。」時光曾經熱烈過，曾經綿延過，而此刻，不覺已漸深秋。輪迴的節氣從不會被打擾，它們總是依著自己的步調，從容中自有一股不可阻擋的力量。

在這深秋的時節，無論是「藜杖侵寒露」、「氣冷疑秋晚」的自然變化，還是「望處雨收雲斷，憑闌悄悄，目送秋光」的情感衝擊，或是「故人何在，煙水茫茫」的思念情懷，都會讓人品味出冷落清秋的意味。

在古詩詞裡，有很多這樣和節氣密切相關的詩句，中國古詩為節氣立傳，展現了對大自然的敬畏，就如同古人的生活一樣，講究天人合一，講究敬畏和禁忌。但現在的人缺少了詩意，缺少了雅緻，沒有了敬畏，也沒有了禁忌。其實禁忌就是一種怕，這種「怕」在今天一切都不怕的教育下已經被消滅了。古人的怕，是一種可貴的精神素質，就如一個哲學家所言，這種怕與任何的畏懼、怯懦都不相干，而是與羞澀、虔誠相關。

作為萬物靈長的人，即使在科學技術高度發達的今天，也還是應該有所畏懼的。隨節氣輪迴，依時序生活，就如自然界那些植物、動物一樣，虔誠地跟隨四季，跟隨節氣、跟隨著天地而生的風和水，詩意地感知和創造生活。

常言說草木多情。其實，草木的多情就是因了風與水隨節氣變化所致。是的，節氣來了，最能感知到的正是餐風飲露的植物。春天，水足風暖，春暖花開，大地一片綠色，生機盎然。夏天，風熱水蒸，熱風載水，滋潤著萬物茁壯與茂盛。秋天，風涼水靜，水收風乾，植物果熟葉凋。冬天，風寒水凍，植物藏而歸根，動物也進入了冬眠。

這是多麼有序而虔誠的輪迴。但願今天的人們還能像這樣「敬天順時」地生活，找回那份天人合一的狀態。

古人將寒露分為三候：初候鴻雁來賓；二候雀入大水為蛤；三候菊有黃華。此節氣中鴻雁排成一字或人字形的隊列大舉南遷。白露節氣鴻雁開始南飛，到寒露時應為最後一批，古人稱後至者為「賓」；深秋天寒，雀鳥在大海上盤旋後都不見了，古人看到海邊突然出現很多蛤蜊，並且貝殼的條紋及顏色與雀鳥很相似，所以便以為是雀鳥躍入海中變成的。飛物化為潛物，這是古人的想像，也是古人對感知寒風嚴肅的一種說法；「菊有黃華」，華是花，草木皆因陽氣開花，獨有菊花因陰氣而開花，其色正應晚秋土旺之時，故菊花將普遍綻放。

在傳統文化中，梅花是冬天的象徵、荷花是夏天的象徵、蘭花是春天的象徵、菊花則是秋天的象徵。在這百花凋零時節，菊花以其獨特的風姿，怒放於颯颯秋風之中，給大地平添燦爛的色彩。

古人詠梅、詠荷、詠蘭的詩不在少數，而詠菊之詩也多不勝數。

「待到秋來九月八，我花開後百花殺。衝天香陣透長安，滿城盡帶黃金甲」。唐末起義領袖黃巢的詩作〈不第後賦菊〉，粗獷豪邁，充滿陽剛之氣，這是他借菊花的獨特個性來抒寫自己的情懷與氣概。

同樣是詠菊言志，與黃巢境界大相逕庭的，則是陶淵明抒發的「心遠地自偏」的精神氣質，其超凡脫俗而顯得意境高遠。這既符合深秋天高雲淡的自然特徵，也符合人類平和順勢的自然本性，是人與自然的和諧統一。這種回歸自然、復歸本真的狀態，成為後來歷代文人所嚮往的完美生命形態和終極精神追求。

的確，歷代詠菊之詩多如牛毛，而有誰能與東晉的陶淵明比肩呢！

陶淵明不肯為「五斗米折腰，拳拳事鄉里小人」，便棄官回鄉。

在躬耕田園的生活中，種菊採菊詠菊，在所有詩人當中，陶淵明恐怕是最愛菊花的了。一句「採菊東籬下，悠然見南山」為他贏得了菊花之神的雅號。而菊花，也許又因了他的緣故，被人們稱作「花之隱逸者也」，成為品格高潔的象徵。

寫到這裡，想起多年前的一個深秋，我曾獨上廬山。那時節廬山正是楓葉流丹、桂花飄香、菊花金黃。廬山，自然染就的詩意浸得人忘我，時時於暮色中的山林間體會「明月松間照，清泉石上流」的意境。而令我更牽念的卻是山腳下九江縣的陶淵明故居 —— 在飄逸悠遠的簫聲中，我似乎隱隱看到「南山」下一個婉轉於東籬菊花深處的身影，寒霜雨露中遺世獨立。棄官歸隱之後的陶淵明，過著「躬耕自資」的隱居生活。躬耕之樂很大部分便來源於菊。

我似乎看到廬山腳下那片爛漫了一千多年的菊園，依然向世人燦爛著：「菊花如我心，九月九日開；客人知我意，重陽一同來。」歲歲重陽日，親友相約前來觀賞菊花，這又是何等的歡愉自在。菊讓陶令沉醉，陶令卻使菊流芳後世。陶令之後，菊花便成了中國文人孤標傲世的精神象徵。「春蘭兮秋菊，長無絕兮終古」，菊花迎霜獨立，被文人比喻為高潔的品質。因而，東坡有「菊殘猶有傲霜枝」之贊，元稹有「此花開盡更無花」之嘆，韓琦有「且看黃花晚節香」之志。菊花遇到文人，便有了君子之德，隱士之風，志士之節。

深秋菊花放，淡雅傲露霜。以花喻人，是只有人生到達這個季節裡才會有的心態和境界。

隱士有風骨，而民間則重習俗。

農曆九月各種菊花盛開，因此，九月也被稱為「菊月」，人們賞菊、詠菊的習俗已流傳了兩千多年。賞菊活動，在重陽節最為熱烈。

農曆九月初九俗稱重陽節，又稱「老人節」。由於《易經》中把「六」定為陰數，把「九」定為陽數，九月九日，日月並陽，兩九相重，故而叫重陽，也叫重九。千百年來，民間在此日形成登高的風俗，因此重陽節又稱「登高節」。也有的稱其為重九節、菊花節等。重陽節早在戰國時期就已經形成，到了唐代，重陽被正式定為民間的節日，此後歷朝歷代沿襲至今。而「重陽節」名稱見於記載卻是三國時代。據曹丕〈九日與鐘繇書〉中記載：「歲往月來，忽復九月九日。九為陽數，而日月並應，俗嘉其名，以為宜於長久，故以享宴高會。」古人認為這是個值得慶賀的吉利日子，九九重陽，因為與「久久」同音，「九九，久久，延年益壽」。九在數字中又是最大數，有長久長壽的含義，況且秋季也是一年收穫的黃金季節，重陽佳節，寓意深遠，人們對此節歷來有著特殊的感情，唐詩宋詞中有不少賀重陽、詠菊花的詩詞佳作。最膾炙人口的便是王維的〈九月九日憶山東兄弟〉：「獨在異鄉為異客，每逢佳節倍思親。遙知兄弟登高處，遍插茱萸少一人。」

茱萸是一種喬木，其果實可入藥。漢代初，據說皇宮中每年九月九日，都要佩茱萸、食蓬餌、飲菊花酒以求長壽。而插茱萸的風俗，至唐代更為風行。古人認為，在重陽節這一天插茱萸可以避難消災，所以不少婦女、兒童將茱萸佩戴於臂，或插在頭上，用以闢邪討吉利。

從史書中可以了解到，舊時的重陽節，有些地方要將家畜放縱於野，不能關在圈裡，時謂「撒群」；有些地方還有拋棄某物以轉移霉運的習俗；有些地方要放風箏；有些地方用五色來裝點氣氛;而有的地方則忌諱互相走訪。凡此種種，皆與消災闢邪有關。

不論如何，祈福禳災總是人們美好的心願。因此，講究的古人在重陽節要登高、賞菊，還要飲菊花酒。「待到重陽日，還來就菊花」。據晉代葛洪《西京雜記》載:「菊花舒時並採莖葉，雜黍米釀之，至來年九月九日始熟就飲焉，故謂之菊花酒。」藥典載:菊花酒有疏風、明目、消熱、解毒之功效。試想清秋氣爽，菊花盛開，窗前籬下，片片金黃，時逢佳節，賞菊飲酒，自是別有一番情趣。白居易在〈重陽席上賦白菊〉中寫道:「滿園花菊郁金黃，中有孤叢色白霜。還似今朝歌舞席，白頭翁入少年場。」

這是何等的狂放！

飲罷菊花酒，登高以懷遠。九月九日登上高處，壯觀天地間，讓秋風颯豁胸襟，自可以旺神健身、遠眺明目。因此，這一習俗代代相傳，是謂「踏秋」。其與農曆三月三上巳節「踏春」一樣，皆是舉家出遊之時，並籍登高用以「辭青」。「辭青」的說法源於寒露節氣。重陽為秋節，寒露節後天氣漸

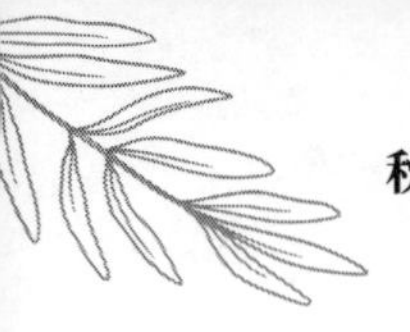

涼，草木開始凋零，重陽節登山除健身遠矚外，也意味著告別綠色。清代潘榮陛編撰的《帝京歲時紀勝》記載：「（重陽）有治看攜酌於各門郊外痛飲終日，謂之『辭青』。」

傳統的重陽節有著豐富的內容和習俗。時至今日，登高、賞菊還比較普遍，飲菊花酒的卻少了，而邊飲酒邊寫詩的就更少了，時代更迭，風雅不再。比起古人，我們愈來愈享受富足的物質生活，但精神上似乎顯得蒼白了許多。

今年重陽節在寒露交節的次日。你看，窗下菊花今又開，讓我們在忙碌的工作生活之餘，放慢腳步，放下精神負擔，登高、賞菊，找回我們曾經「遍插茱萸」的重陽節！

每至習俗不再的節日，心中不免生出些許遺憾。那些源遠流長、世代流傳的鄉風民俗，在過去漫長的歲月中，曾經無微不至地照料著我們的生活，慰藉著我們的心靈。然而，生活在當下這個新舊交替、飛速發展的時代，那些一直如影隨形、如水就岸般承受著我們的節日風俗，不知道會在哪一個早晨或者晚上忽然煙消雲散，把我們的身體和心靈赤裸裸地拋撒到一片蒼茫之中，只有在這時，我們才會情不自禁地懷念那些流傳已久的風俗，就像一個遊子懷念家鄉。也只有在回眸凝望之際，我們才會發現，那些我們原本視若無睹的鄉風民俗、陳規舊習恍然間變成了一幅幅溫馨淳美、風情旖旎的風情畫，讓人魂牽夢縈、一詠三嘆。

儘管一些民俗在消失，儘管我們懷念那些已然不再的風物，但生活總是往前。不管是去東邊的老頂山登高，還是去西邊的漳澤湖賞花，或者去山野間看紅葉，在這秋風漸起的寒露時節，和家人一起享受一頓美食當是不可或缺的生活樂趣——「秋風起，蟹腳癢；菊花開，聞蟹來。」菊花遍開的時節其美味莫過於食螃蟹。螃蟹是人間美味，素有「四方之味，當許含黃伯為第一」的美譽。「含黃伯」就是指這金秋時節的螃蟹。秋高氣爽、山豔雲淡的重陽日，熟黃鮮美的閘蟹，佐以紹興陳年的黃酒，就著東籬黃花，一家人其樂也融融，但使微醺又何妨！

寒露時節，山間霜結，水邊霧漫。澤湖濕地，樹葉開始金黃，葦花迎風搖曳，絢爛過一個夏天的荷花始結蓮蓬，而湖邊大片大片的菊花卻在霜露中恣肆怒放，與湖光水色相映成趣，成為此時節別具意韻的另類風景。

登高以闊胸懷，舉目尤可賞心。在這一年當中最絢爛的時節，讓我們盡情感受天地間漫漫鋪陳的盛大美景，切莫辜負大自然賜予人間的美好時光啊！

丁三虎　書

〈八月十九日試院夢沖卿〉王安石（宋）

空庭得秋長漫漫，寒露入暮愁衣單。喧喧人語已成市，白日未到扶桑間。
永懷所好卻成夢，玉色彷佛開心顏。逆知後應不復隔，談笑明月相與閒。

‖冷霜初降・霜降‖

霜降是秋季的最後一個節氣。經歷了夏季的熱烈和初秋的涼爽，此刻，在氣溫愈來愈寒涼的深秋，看到霜降這兩個字眼，頓有一種時光滄桑之感。霜降一到，雖然仍處在秋天，但已經依次是「千樹掃作一番黃」的晚秋、暮秋和殘秋了。

這時節，每天清晨可見白霜，原野上一片銀色冰晶。《月令七十二候集解》關於霜降是這樣說的：「九月中，氣肅而凝，露結為霜矣。」草木零落，眾物伏蟄，故民間稱「霜殺百草」。霜降一般是在每年的十月二十三至二十四日，這時太陽位於黃經兩百一十度。

霜降時節，夜裡散熱很快，溫度甚至會降到零攝氏度以下，那些從白露開始到寒露凝結的圓潤的露水，便會凝成六角形的霜花，形成入冬前的初霜景象。一般來說，白天太陽越好，溫度越高，夜裡凝結的霜就越多，所以霜降前後早晚溫差更大。因此俗諺有「霜重見晴天，瑞雪兆豐年」的說法。古時，人們以為霜是從天上降下來的，所以就把初霜時的節氣取名「霜降」，其實霜和露水一樣，都是空氣中的水氣凝結成的。

古人的節氣總是浪漫而感性，就如唐代元稹的〈詠廿四氣詩・霜降九月中〉說的那樣：

> 風捲清雲盡，空天萬里霜。
> 野豺先祭月，仙菊遇重陽。
> 秋色悲疏木，鴻鳴憶故鄉。
> 誰知一樽酒，能使百秋亡。

詩中寫了霜降時節雲盡天高、木落雁飛的景象。霜降節氣離九九重陽節很近，所以詩中特別強調了重陽，包括重陽賞菊花、飲菊花酒等習俗。今年重陽節與上個節氣寒露緊緊相連，所以在寒露節氣篇什中已對重陽節及其習俗作了重點介紹，包括飲菊花酒。菊花酒在古代被看作是祛災祈福的吉祥酒，而今風俗流變，重陽節飲酒作詩這等風雅之事早已無從尋覓，有的似乎只剩下了吃與喝。古代節日的精神性被徹底消解。人們在匆忙的工作之餘，使得節日酒席之間多了世俗與放鬆，唯獨丟失了古代節日的內涵，也少了古人的那種風雅。世風轉換，自然無可厚非。如果人們能在創造財富、創新實踐中稍稍保留一點古風，豈不更好！

元稹詩中「野豺先祭月，仙菊遇重陽」的典故，源自於古代的霜降三候：「一候豺乃祭獸；二候草木黃落；三候蜇蟲咸俯。」這是說初候五日時豺狼開始大量捕獵小獸，豺狼在捕食時先把獵物陳列祭祀後再食用。《周書》上說：「霜降之日豺祭獸。」此舉據說是「以獸而祭天報本也，方鋪而祭金秋之義。」又是一個「祭」的儀式，初春時節「獺祭魚」，伏天時節「鷹祭鳥」，而深秋時節「豺祭獸」，這跨越春、夏、秋三季的三個「祭」，隱藏著怎樣的原始密碼？我個人以為，這是自然界動物生存的一種天然本能，捕獲了獵物就陳放存儲，好準備越冬。善良的古人則以這樣的物候現象來提醒或者警示人類，做任何事情需知道回報與感恩；後五日野草枯黃、樹葉掉落。這個節候現象人可感知，無須多言；再五日入蜇的動物全躲在洞中，這與驚蟄節候對應，驚蟄時節是冬眠的動物蟲子甦醒期。

而霜降第三候這些生靈進入冬眠期。咸俯是垂頭不動的樣子，是蟄伏的蟲子不動不食，伏下身來要冬眠了。

是的，歌唱了夏秋兩個季節的鳴蟲們就要冬眠了，想要再聽它們的曠野奏鳴曲，只有待來年的夏日 —— 自然界的動植物就是如此守時，它們總是依照時序規律地生存。「五月斯螽動股，六月莎雞振羽。七月在野，八月在宇，九月在戶，十月蟋蟀入我床下」。《豳風·七月》裡的這一段，用蚱蜢、紡織娘等昆蟲的鳴叫和蟋蟀的避寒遷徙，非常形象地表現了季節變遷的過程。這幾句沒有一個「寒」字，但卻讓我們感受到天氣在一天天地變冷，以至嚴冬將至。

鳴蟲是天然的音樂大師，它們的樂器是與生俱來的。在音樂未誕生前，世上最美妙的動靜，竟是從蟲肚子裡發出的。小小軟腹，竟藏得下一把樂器。難怪有人為聽這一聲自然蟲鳴，要費盡周折精心餵養。我的兩位朋友便有此好，常常在夏天抓來、蟋蟀侍弄餵養，樂此不疲 —— 想想吧，嚴冬時節，大雪飄零、風號凜冽，而斗室裡，清越之聲驀起，恍若移步瓜棚豆架……幾尾草蟲、半盞泥盆、一串葫蘆，便聽

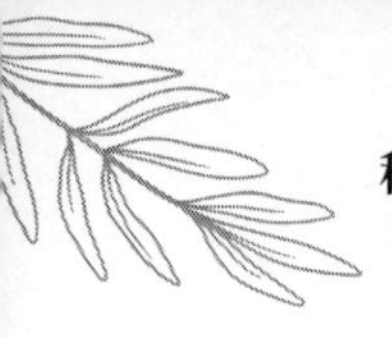

得天籟之聲，何樂而不為。

曾經，我對遛鳥玩蟲十分不屑，總認為那是不務正業玩物喪志。

豈不知蟲鳴的意義在於醒耳，耳醒則心甦啊！

深秋來臨，嚴冬將至，大自然的蟲鳴合唱戛然而止。那些「歌唱家們」去哪裡了？「十月蟋蟀入我床下」——如果你住的是鄉間的四合院，或許會在這個深秋的夜晚，還能聽到如絲的「瞿瞿」聲，怯怯的、弱弱的。哦，那是蟋蟀，它何時鑽入床下的呢？

原來天氣真的寒涼了！

從《詩經》以來的描述，你能感覺到，古人不僅崇拜光陰，更擅以自然微象提醒時序，每一時節都有各自的風物標誌。

「青女司晨，霜雁銜蘆」。青女，傳說中掌管霜雪的女神。《淮南子·天文訓》說：「至秋三月，地氣不藏，乃收其殺，百蟲蟄伏，靜居閉戶，青女乃出，以降雪霜。」青女一出，蕭瑟和冷落緊隨而至。

霜天萬里，寒煙寥廓，人的心境也倍加淒清。唐人張繼「月落烏啼霜滿天」的愁寂難眠，還有戲詞中「曉來誰染霜林醉」的離人傷感，都令這暮秋天氣「好生惱人也」。

「無邊落木蕭蕭下」，深秋本就是氣肅時節，與此對應的活動也多與征伐有關。古時，跟「豺祭獸」十分類似的，是在霜降這一天，國家將舉行盛大的閱兵儀式，祭奠旗纛之神。纛是用鳥羽或者牛尾裝飾的大旗。《太白陰經》上說：「大將中營建纛。天子六軍，故用六纛。」旗纛是軍魂，是主帥的象徵。

這時節，莊稼收穫歸倉，大軍有了糧草。操演兵陣，馭馬征戰，自是情理之中。遙想一下古代的某個霜降之日，一聲炮響之後，一隊一隊的士兵，盔甲鋥亮，旗幟鮮明，穿街而過，直奔演武廳祭旗纛之神。祭品是整豬整羊，十分豐盛。祭祀時，主祭人要宣讀祝文，祈禱旗神指引軍士，勇猛前進，旗開得勝。祝詞宣讀完畢，行軍禮，然後閱兵。

閱兵除了能看到變幻莫測的陣勢外，還能看到驚險刺激的馬術表演。騎兵們往來馳騁，在馬背上做出各種令人目瞪口呆的花樣。古人大多選擇在秋天討伐敵寇，閱兵往往就是戰前的操練，操演完畢，就直奔戰場。

古代秋天討伐敵寇的行動，也漸漸演繹了民間的一個風俗，就是霜降前一天的晚上，人們會在枕頭旁邊，放幾粒剝好的栗子，等到第二天凌晨一聲炮響，立即取而食之。「栗」諧音「力」，據說此時吃了栗子，就會變得更加有力。在尚武的冷兵器時代，幾顆小小的栗了寄託了人們怎樣的祈願啊！

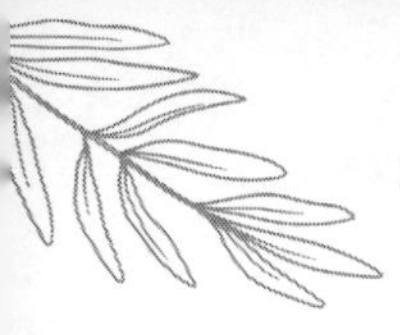

人們用這樣一個枕戈待旦，又蓄勢待發的風俗，凝重地打發了秋天最後一個節氣。

國家有國家的行為，而普通老百姓則有自己固守不變的風俗習慣。比如霜降節氣中的祭祖節 —— 寒衣節。

「十月一，燒寒衣」。有關寒衣節的起源，一說與孟姜女哭長城有關，一說與造紙術的發明人蔡倫的哥嫂促銷紙張有關，這些無須追究。千百年來，十月一祭祖送寒衣早已成為代代相沿的風俗。

每年農曆十月初一民間的祭祖節，也稱之為「十月朝」。祭祀祖先有家祭和墓祭，祭祀時除了食物、香燭、紙錢等一般供物外，還有一種不可缺少的供物冥衣。祭祀時，把冥衣焚化給祖先，叫作「送寒衣」。

近年來，隨著人們環保意識的增強，文明祭祀早已深入人心。「送寒衣」的習俗已經有所改變，人們會在十月初一以一捧最應時的菊花來祭祀，用鮮花寄託對逝去親人的懷念，承載一份生者對逝者的悲憫之情。

氣候逐漸寒冷的十月間，地裡的莊稼、瓜果差不多都已拾掇乾淨，剩下的大蔥和蘿蔔也等待從地裡收穫。此時，唯有滿樹的柿子還掛在樹梢，在藍天的映襯下如一盞盞紅燈籠，點亮了整個曠野。

農諺說：「八月核桃九月梨，十月柿子紅了皮。」是的，霜打柿子紅，也只有被霜過的柿子才甘甜如飴。每到霜降時節，地裡的秋莊稼做最後的掃尾，工作累了就會手腳俐落地爬到柿樹上，小心翼翼地從樹梢上摘幾個被陽光曬軟的柿子，看著柿皮表面被霜過的一層薄薄的、灰灰的暈光，早已忍耐不住，只需張嘴一吸，一股甘甜直入心底。那種原汁原味的甜，是現在超市裡和水果攤上的柿子永遠無法相比的。有時樹上找不到軟柿子吃，就會找「方柿子」、「滿滴紅」品種摘些下來，在地堰邊撥拉點莊稼稈當柴火，掏出懷裡的火柴，點著燒柿子吃。燒柿子也有技巧，柿子在火堆裡燒得焦黃，裂開的柿皮間會流出一些泡沫汁，這些泡沫汁就是柿子的澀液，要燒烤得沒有了泡沫汁，柿子才好吃。這時從火堆中撥拉出焦黃的冒著熱氣的柿子，甘甜中又有火烤的香氣，這些野炊食物真是童年時代的難忘美味。

柿子真是好東西。成個的硬柿子可以用旋刀旋下柿皮，幾經翻曬、捂霜、透風，就會生出雪白的柿霜，再用手捏扁就成了柿餅，等級好的可賣個高價用來補貼生活；半軟的柿子則一掰兩半，曬成「柿疙瘩」，可隨時充飢；柿皮也要曬乾作「零嘴」；而稀軟的柿子還可和上穀糠或玉米麵粉，曬乾炒過再碾成麵，就是「柿糠炒麵」。俗話說：「霜降吃了柿，不會流鼻涕。」

這時節吃柿子不但能禦寒保暖，還能補益筋骨，增強體

質，防止感冒。過去普通人家在霜降這天都會買一些蘋果和柿子來吃，寓意事事平安。而商家則買栗子和柿子來食用，意味著利市。這些民俗都包含著人們對美好生活的嚮往。

時光流轉，節候綿長。深秋，綿綿的秋雨之後總是能一掃陰霾，雨後的清晨也特別清新，鼻息間一股乾淨的空氣，能一下子沁進胸腔。垂眼一看，滿地便是翩翩飄落層層疊疊的銀杏葉，令這個清冷的時節浸染了詩意。

在這一刻，便能感受到自然之靈的美，容顏雖改卻不夾雜一絲的憂傷。是的，學學那些灑脫飄零的樹葉，帶著春天的爛漫、夏天的熱烈和成長的脈絡，從容地回歸大地。此刻，我們當以一顆安然恬淡之心來告別這個秋天。

曹洪　書

〈秋晚登樓望南江入始興郡路〉張九齡（唐）

潦收沙衍出，霜降天宇晶。伏檻一長眺，津途多遠情。

思來江山外，望盡煙雲生。滔滔不自辨，役役且何成。

我來颯衰鬢，孰雲飄華纓。櫪馬苦踡跼，籠禽念遐征。

歲陰向晼晚，日夕空屏營。物生貴得性，身累由近名。

內顧覺今是，追嘆何時平。

冬

∥冬信傳遞・立冬∥

夜雨瀟瀟下，天明便立冬。

當我們還沒有從繽紛的秋景中回過神來時，一場深秋的涼雨便在夜間悄然而至。寒冷讓人在猝不及防間頓時驚覺：時令已經走過秋季，冬天的第一個信使已悄悄地站到門外。

這個信使就是「立冬」，它提醒人們，冬天已經來到了。

時間可真快，不知不覺，一個四季的輪迴接近了尾聲。冬季的大幕正徐徐開啟。「立冬之日，水始冰，地始凍」。《呂氏春秋》這樣解釋：「立，建始也。」表示冬季自此開始。《月令七十二候集解》中說：「冬，終也，物終而皆收藏也。」此時節，不僅各種作物俱已收穫，且已曬好儲藏。依節候生息，順天時變化，人依止於天地節奏，當懂得冬寒時節的保養存續，以待來春。

立冬節氣，一般落在公曆每年的十一月七至八日，這時太陽到達黃經兩百二十五度。

一年四季中，冬是最後一個季節。立冬，則是冬天的開頭，是冬季六個節氣之首。冬天，分為孟冬、仲冬、季冬，即農曆的十月為孟冬，十一月為仲冬，十二月為季冬，統稱為三冬。三個月九十天，故又稱為「九冬」。較之春的溫煦，夏的炎熱，秋的涼爽，冬給人的突出感覺就是嚴寒。因此，人們又習慣地稱呼冬為嚴冬或寒冬。

初冬時節，氣溫愈來愈低，比深秋更冷一些，這在黃河流域表現得十分明顯。本來二十四節氣就是古人按黃河流域的氣候規律制定的。這時節，偶有薄冰出現，闊葉樹的葉子，多已凋零，但總有幾片掛在枝條上，不願落下，寒風吹來，在枝頭颯颯作響，到讓人生出一絲莫名的感懷。正是「梧桐真不甘衰謝，數葉迎風尚有聲」。

年年此時節，走向蕭瑟的大地總有一片新綠，給人生機和希望，那是大田的冬麥苗；而金燦燦的玉米碼堆砌堆，各種秋糧也已入倉；那些老牛和山羊則在稀疏的山林間急急地啃食著最後的飽含陽光味道的乾樹葉和枯黃的草葉……年年歲歲，這般景像似乎依然是千年前的模樣。《詩經．豳風．七月》中曾這樣描述：「八月其獲，十月隕擇。」、「十月納禾稼。」風吹樹葉飄零，莊稼曬好收倉。兩千多年來，人世滄桑，風雲迭起，或疾風驟雨般突變，或和風細雨般演進。而天地氣候，以及生命繫於氣候的草木昆蟲和整個大自然，卻變化寥寥。真是「人生易老天難老」啊！

寫到這裡，不由地令人感嘆：自然的變化何其緩慢，而人生的變化又何其迅速也！

古人將立冬分為三候：「一候水始冰；二候地始凍；三候雉入大水為蜃。」《禮記》、《呂氏春秋》都有關於立冬三候的記載，說秋分四十六日立冬。一候五日水始冰：立冬之日，水始冰。冰寒於水，所以是水與凍的結合，冬寒水結，

是為伏陰。孟冬始冰，仲冬冰壯，季冬冰盛；二候五日地始凍：立冬之後五日，地始凍。冰壯曰「凍」，地凍為凝結，正如韓愈詩云：「靄靄野浮陽，暉暉水披凍。」

三候五日雉入大水為蜃，雉即野雞一類的大鳥，蜃為大蛤。立冬後，野雞一類的大鳥便不多見了，而海邊卻可以看到外殼與野雞的線條及顏色相似的大蛤。所以古人認為雉到立冬後便變成大蛤了。此說法與寒露節氣的「雀入大水為蛤」相對應，「蜃」是水中巨大的蚌類，古人認為，海市蜃樓便是蜃吐氣而成。

你看，古人的精神世界多麼的天真而又廣闊！這些豐富的想像在今天看來毫無道理，但無理而妙。我情願依著古人這種妙趣橫生的精神空間，在二十四節氣裡複製幾分浪漫的聯想。

在二十四節氣中，立春、立夏、立秋和立冬合稱「四立」，分別表示四季之始，在古代都是重要的節日。

古時立冬日，天子有出郊迎冬之禮。《呂氏春秋．孟冬》載：「是月也，以立冬。先立冬三日，太史謁之天子，曰：『某日立冬，盛德在水。』天子乃齋。立冬之日，天子親率三公九卿大夫以迎冬於北郊。」迎冬回來，天子要賞賜為社稷而捐軀者的子孫，還要撫卹孤寡。

迎冬祭祀時，天子要穿黑的衣服，騎鐵色的馬，帶文武百官去北郊迎祭冬神。冬神名叫禺強，字玄冥。《山海經》上說他住在北海的一個島上，其長相比較怪異：人面鳥身，耳上掛著兩條青蛇，腳踩兩條會飛的紅蛇。當他出行時便會帶來狂風暴雨，飛沙走石。

禺強作為冬神，輔佐黑帝顓頊管理北方的天空。顓頊是五帝之一，號高陽氏，是水德之帝，其德專一而靜正，故冬才得以閉藏。

祭祀冬神的場面十分宏大。《史記·樂書》上記載：「使僮男僮女七十人俱歌。春歌《青陽》，夏歌《朱明》，秋歌《西皞》，冬歌《玄冥》。」是說漢朝時立冬日要有七十個童男童女在一起唱《玄冥》之歌：「玄冥陵陰，蟄蟲蓋臧……籍斂之時，掩收嘉穀。」意思是說，天冷了，要收藏好糧食。秋收冬藏。這是多麼隆重的儀式。

古往今來，與皇家宏大的祭祀場面相對應的，是民間傳統節日下元節祭祀的風俗。

農曆十月十五為下元節，也稱「下元日」、「下元」。這一傳統節日來源於道教。道家有天、地、水三官的說法，天官賜福，地官赦罪，水官解厄。三官的誕生日分別是農曆的正月十五、七月十五和十月十五，這三天也就是「上元節」、「中元節」和「下元節」，即所謂的「三元」。三官大帝是早期道教尊奉的三位天神。另外還有一種說法，說天

官為唐堯，地官為虞舜，水官為大禹。「三元節」

就是給三位上古聖君過生日。上元節即元宵節，至今仍是各地民間最大的傳統節日，猜燈謎、放煙花、踩高蹺、跑旱船等活動已成為全國性的習俗並廣受人們喜愛。七月十五的中元節即民間俗稱的「鬼節」，祭先祖、放河燈等習俗也一直沿續至今。這兩個節日在千年的文化傳承中依然生生不息。然而，和上元節、中元節並列的下元節，如今卻很少有人知道了。

十月十五「下元節」來源於水官解厄的說法。《中華風俗志》記載：「十月望為下元節，俗傳水宮解厄之辰，亦有持齋誦經者。」傳說在這一天，水官會為人間解除水厄之災。後來，經過長期的演變，下元節的習俗逐漸變為修齋設醮，祭祀祖先，祈願神靈，與中元節意思相近。民國以後，此俗漸廢，唯民間將祭亡等儀式提前到農曆七月十五「中元節」時一併舉行。

不過，民間一些地方，還有工匠祭爐神的習俗。爐神就是太上老君，大概源於道教用爐煉丹。工匠們有此祭祀，許是看重水官大帝「除困解厄」的神通吧。

在文化傳承中，一些習俗在非常實際的日常生活中，此長彼消、逐漸演變實屬正常。而根據節令安排農事、安頓生活卻是人們一個依序不變的生活日常。

按傳統文化「春耕、夏耘、秋收、冬藏」的說法，一入立冬，萬物都開始了收斂後的閉藏，無論是陰陽二氣的變化，還是動植物的生長活動、農業生產過程和人們的日常生活，都遵循這一規律。

立冬後，大自然草木凋零，蟲獸冬眠，萬物活動趨向休止。在過去的農耕社會，農人在立冬收儲糧食之後，就開始了「貓冬」，不再從事田野作業，這其實也是一種「冬眠」。當然，現代社會的生產、生活有了極大的改變，不可能再如古時那樣「貓冬」，但也要遵循大自然的節律，在居住、穿衣上要注意保暖，在養生上，要多吃一些溫熱補益的食物，少食生冷，以便禦寒。

俗話說：「冬天進補，春天打虎。」、「補」是冬季食俗一大特點。

說到冬季食物養生，現在的電視節目上比比皆是，那些養生專家在電視節目上侃侃而談各抒己見，各種說法令人眼花撩亂，莫辨虛實。

不過，以傳統的規矩，北方立冬日講究吃餃子，卻是不爭的事實。

餃子來源於「交子之時」，過年是兩歲相交，立冬是秋冬之交，所以交子之時的餃子不能不吃。

其實，吃餃子無非是辛苦一年的人們找個機會敬畏一下

神靈順便犒勞一下自己。所以，這時吃餃子人們會特別用心。餃子面要白且有韌性。和麵要細細地揉好，搓成麵糰切成均勻的小塊，再用擀麵杖擀成薄薄的、圓圓的餃子皮。餃子餡也是十分講究的。白菜要切得碎，肉要剁成肉泥。餃子下鍋要三滾。等一個個露出透明的顏色了，在沸水的面上翻滾，就要立即撈出來。老輩人講究廚具要竹子編的，不能用鐵絲的，否則會傷了餃子的香味。撈出的餃子要先敬土地神，感謝他在秋天裡慷慨的給予。

土地公公和土地娘娘就住在村頭的小廟裡。廟非常非常小，高不過三尺。傳說，土地公公向玉帝詢問：「我的廟能蓋多高？」

玉帝說：「箭射多高，就蓋多高。」土地公公有點貪心，把弓弦拉得太狠，結果斷了，箭沒射出去就落了下來。於是，只好住這麼一個小廟。

所以，端著餃子到土地廟祭祀時，寓意著這樣一個道理：人不可貪心。

舊時人們立冬日吃頓餃子都充滿著儀式感，更包涵著敬畏天地的人生哲理。

如今，立冬時雖然還吃餃子，但大自然曾經給予我們祖先的那種神祕敬畏之感，早已演變成今天民間的一個庸常日子。立冬，已從一個隆重的節日演化為一個再普通不過的節氣。

民間諺語說：「立冬補冬，補嘴空。」這個時節，越來越興盛的火鍋就是冬季進補的美食之一。現在的火鍋和食材五花八門，在過去，立冬的老規矩是吃涮羊肉。火鍋講究銅鍋炭火，湯底澄清，只需加入薑片、蔥段等佐料。炭火燒得鍋裡清湯滾熱，手拿筷子夾著紅白相間、薄而不散的羊肉片，在湯裡這麼一涮，肉色一白就夾起在冷的麻醬料裡那麼一蘸，入口不柴不膩，醬香肉香合而為一。

這才是道地的火鍋。

還有一種吃食，我們不能不提，那就是冬天家家離不了的大白菜。往前數不過十來年，一到立冬，大街小巷都在賣白菜，按過去的說法叫冬儲大白菜。那時冬儲白菜幾乎全家出動，人們騎著人力三輪車或拉著平板車，一車車地買回家儲藏好，從冬一直吃到青黃不接的開春。那時候沒有溫室大棚，冬季的蔬菜只有白菜蘿蔔馬鈴薯，這些都是「看家菜」。難怪老輩人會常常念叨：「蘿蔔白菜保平安」、「十月蘿蔔小人蔘」、「冬吃蘿蔔夏吃薑，不勞醫生開藥方。」過去，家家都要挖個地窖，用來儲藏這些既果腹又保健的菜蔬。

隨著農業科技的不斷進步，現在各色鮮菜四季均有，漸行漸遠的不止冬儲大白菜的熱鬧景象，人們對豐收的期待也幾乎不復存在。原本在秋天才能成熟的果實，如今在別的季節隨處可見，秋天的意義已經被平均到了其他季節的每一個日子裡 —— 秋天也就不再讓人們激動。

還是讓我們沿著歷史長河溯流而上，找回古人們在這個季節裡即使面對一顆大白菜也表現出的愉悅之情吧。

「秋收冬藏」是祖祖輩輩沿襲遵循的一道民俗風景。史書上說，秋菜冬儲起源於周代。有《周禮》記載：「仲秋之月，命有司趣民收斂，務蓄菜。」

清時有竹枝詞說：「幾日清霜降，寒畦摘晚菘。」這裡說的晚菘，指的就是大白菜。白菜古時稱「菘」。《六書故》載：「菘，息躬切，冬菜也。其莖葉中白，因謂之白菜。」古人形容菜之美者，稱「春初早韭，秋末晚菘」，是把這種家常菜美化成詩的文人的書寫。的確，歷史上這種普通的家常菜跟文人一接觸，便立即成為美食佳餚，成就一段傳世佳話——唐元和元年，韓愈因避謗毀，求為分司東都，移官洛陽，又因「日與宦者為敵」，降職河南（洛陽）縣令;其間，孟郊、盧仝等人居於洛陽，與韓愈聯合形成「韓孟詩派」。

有一年冬天，大雪飄飄，孟郊、盧仝來訪，韓愈把儲藏的白菜細細切絲加湯慢燉，滿滿一碗好像燴銀絲，配上屋外新挖出的冬筍。

眾人品菘嘗筍，煮酒論詩。韓昌黎不禁詩興大發：「晚菘細切肥牛肚，新筍初嘗嫩馬蹄。」詩人讚美白菜賽過牛肚，冬筍勝過嫩馬蹄的味道，席間眾人也有詩唱和。

古人把菘菜當作一種美味，經常寫詩頌之。詩詞大家、美食大家蘇東坡也有詩贊曰：「白菘似羔豚，冒土出熊蟠。」這位屢遭落難、安貧樂道的樂天派竟把大白菜比作羊羔和熊掌。

古人的生活意趣隨處可見，因了一棵極其普通的白菜而引發詩興，這樣的情形真是不勝其美。

立冬之後，農事漸少。可是農人總是閒不住，翻耕土地、運送肥料，麥田管理。所以農諺說：「立冬前犁金，立冬後犁銀，立春後犁鐵。」說的是應該早早深翻土地，因為「冬天耕地好處多，除蟲曬垡蓄雨雪」，冬耕就是為了增加土壤的透氣性，以提高其蓄水保墒能力。如果立冬前後雨雪很充沛，就非常有利於農作物越冬，農諺有「重陽無雨看立冬，立冬無雨一場空」、「立冬麥蓋三層被，來年枕著饅頭睡」。年年此時節，農人們都盼望有一場雨雪飄然而至。

立冬時節，田野裡唯一能吃的可能就剩下樹上密密麻麻的小軟棗。

這種與柿子同科的果實，在霜凍後更加甘甜。「立秋摘花椒，白露打核桃，霜降卸柿子，立冬打軟棗」，立冬前後田野疏朗，大地乾淨，只有地裡齊壟的綠色冬麥苗和樹中密密麻麻的金黃小軟棗裝點著整個田野，正是：田中麥苗如綠氈，樹冠軟棗賽金燈。

待立冬後把樹上的軟棗採摘完，冬天就真的降臨了。而與這個肅殺時節相映成趣的是天地的無限空曠，「極目楚天舒」。山河大地，像是用線條勾勒的，簡潔、樸素、悠遠，人彷彿一下子站到了一個高處，突然看到了世間的真相。莊

子在〈大宗師〉裡說道：「於謳聞之玄冥，玄冥聞之參寥。」

玄冥的意思是深遠空寂。「玄冥之境」，是古人追求的一種自滿自足、無有貪念的忘我境界。

古人把冬神稱為「玄冥」，也許就是想用冬季的寒冷空寂來提醒自己，來於自然，歸於自然，一切執著，皆是虛妄。在這個冬天來臨的時候，我們是不是也學學古人，靜下心來，圍爐讀書，在涵養身心的同時，讓自己進入一種「玄冥之境」呢！

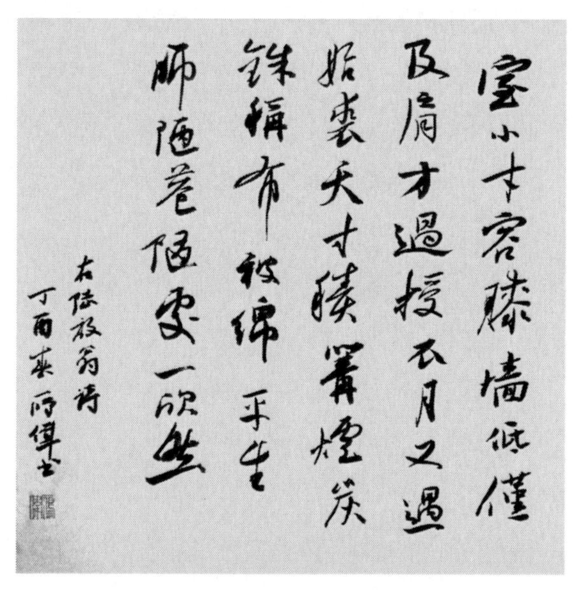

李雁偉　書

〈立冬日作〉陸游（宋）

室小才容膝，牆低僅及肩。方過授衣月，又遇始裘天。

寸積篝爐炭，銖稱布被綿。平生師陋巷，隨處一欣然。

初雪飄飛·小雪

有諺語說：「小雪雪滿天，來年必豐年。」小雪節令，如果這時節果真下雪，那可謂天行常道。若仿照詩聖杜甫的句子，便是：好「雪」知時節，當「冬」乃發生。

小雪和雨水、穀雨、寒露、霜降等節氣一樣，都是直接反映降水的節氣。小雪一般落在公曆十一月二十二至二十三日，這時太陽黃經到達兩百四十度。

《月令七十二候集解》在說到小雪節氣時這樣解釋：「十月中，雨下而為寒氣所薄，故凝而為雪。小者，未盛之辭。」這時由於冷空氣頻繁，溫度日降，於是之前的降水就變成了雪，但此時節雪量還比較小，所以稱「小雪」。

降雪量小，因地表溫度尚高而地面上難存積雪，正是「小雪」這個節氣名字的原本之意。按照古籍《群芳譜》一書的解釋，「小雪」的意思是：「小雪氣寒而將雪矣，地寒未甚而雪未大也。」

的確，雪小而入地即化，幾乎連雪泥也未曾有便了無蹤影。然每逢初雪，依然令人欣喜不已。那些從天而降的如細線樣的雪子，被古人稱為「霰」，撲簌簌地落下，打在枝頭殘留的樹葉上，悄然作響，為這個世界平添了多麼美妙的自然之聲。時而也有緩緩飄落的雪花，這樣的初雪景象常被詩人們描寫為「飛絮」。常常是「飛絮」未落地便化作雨水，

使人難覓其蹤。而遼闊的原野上也剛好微雪初透，空氣清新凜冽，深吸一口沁人肺腑，令人神清氣爽。

雪之美，來自其自身，來自它的形體、結構。據說有人統計過，雪花的形態有一萬多種，但都保持著六角形的基本形態，無論是板狀的，星狀的，片狀的，甚至是柱狀的，都是六角，都如花朵，輕盈而潔白。雪花為何是六瓣？按中國傳統文化陰陽五行象數的解釋是：陰為六，冬為水。這是冬天盛陰的標識。待開春後，春花成五瓣，陰陽交午，變為五生萬物。雪花的這種美，人們很早就注意到了。

漢代的韓嬰在其所著《韓詩外傳》中，就寫道：「草木之花多五出，獨雪花六出。」六出即六片花瓣。以後的許多詩文，都沿用「六出」之說。北周的庾信有詩云：「雪花開六出，冰珠映九光。」唐代的高駢則說：「六出飛花入戶時，坐看青竹變瓊枝。」

古往今來，雪之美不知打動了多少人心，撩起了多少人的詩情。的確，世間萬物，無論是紅黃黑白，也不論是美醜善惡，只要雪加以覆蓋，一律潔白起來。

文人們情感細膩，對雪的歌詠與俗人大不相同。據《晉書．王凝之妻謝氏傳》及《世說新語．言語》兩書中，記載了這樣一則故事：晉太傅謝安，在一個寒冷的日子，與後輩講論文義，圍爐敘話。

窗外烏雲厚積，天地似乎咫尺之遙。俄爾，雪花驟降。謝安環顧左右，手指飄然而下的雪花，撚鬚微笑：「白雪紛紛何所似？」他的姪兒謝朗應聲回答：「散鹽空中差可擬。」一旁的小姪女謝道韞衝哥哥一笑，接著說道：「未若柳絮因風起。」

謝安思忖：姪女謝道韞年及十二，卻有如此悟性，假以他日，必有大才也。遂大悅。於是，謝安逢人便誇姪女聰穎，謝道韞的才女之名竟不脛而走。時光穿越千年，曹雪芹看著筆下的林妹妹，思緒卻飄至東晉，這天生麗質冰雪聰明的林黛玉不正如道韞之才麼？

於是提筆書曰：堪憐詠絮才。此後至今，「詠絮才」就成了才女的代名詞。

柳絮輕颺，神形恰似初雪時的雪花。謝家長幼關於詠雪的這則軼聞，就這樣成為千年文壇佳話，表現了女才子謝道韞傑出的詩歌才華、對事物細緻的觀察和靈活的想像力。對此，大文豪蘇東坡亦曾評論說：「柳絮才高不道鹽。」其實，上面兩說，固然有雅俗之分，但卻都是對雪落情狀細緻入微的描寫。

初雪雖小，但仍具有雪之品格、雪之美。無論是像柳絮一樣盤旋的，還是如雪子一樣滑落的，都是那般的皎潔，那般的輕盈。在這個忙碌而浮躁的時代，我們還有心情停下匆

忙的腳步，如兒時那般充滿好奇，望著天空飄落的初雪，在寒冷中接一片在手心，仔細端詳雪精靈的形態和花瓣嗎？我們還有嗎？！

自然之美有許許多多，它時刻伴隨我們左右，就在我們的日常生活中，但願我們不要一再錯過啊。

古人將小雪節氣分為三候：「一候虹藏不見；二候天氣上升地氣下降；三候閉塞而成冬。」初候五日說小雪之日「虹藏不見」，陰陽交才有虹，此時陰盛陽伏，雨水都凝成陰雪了，雨虹自然也就看不見了;二候是說後五日天空陽氣上升，地下陰氣下降，導致陰陽不交，天地不通，天地各正其位，故萬物失去生機；三候五日「閉塞而成冬」，冬為藏，為終也。是說天地閉塞而轉入嚴寒的冬天。

小雪三候的情景在唐代詩人元稹的〈詠廿四氣詩・小雪十月中〉描寫得很明確：

莫怪虹無影，如今小雪時。
陰陽依上下，寒暑喜分離。
滿月光天漢，長風響樹枝。
橫琴對淥醑，猶自斂愁眉。

詩的前兩句即是說「虹藏不見」，三四句指「天氣上升地氣下降」，由於陽氣上升，陰氣下降，導致天地閉塞不通，所以到三候萬物失去生機而進入冬天。

所謂「小雪十月中」，即小雪為「十月中氣」，是農曆十月的標誌。

十月是冬季的第一個月，又叫「孟冬」。冬天是閉藏的季節，按《周易》中易卦的解釋，十月為「坤」，是個全陰的月分。但我們的傳統文化總是辯證地對應任何事物，並不孤立看待這個「全陰」的十月。所以古人認為，十月雖然全是陰，但暗含一點純陽，所以反稱十月為「陽月」。

從十月的實際氣候來說，由於夏秋儲存的地熱還尚未散盡，雖然氣溫逐日下降，但地表一般還不會特別冷，在晴朗無風之時，甚至還會出現溫暖舒適的天氣，所以民間有「十月小陽春，無風暖融融」的諺語。

宋代詩人戴復古有〈海棠〉詩，就寫出了這一情景：「十月園林不雨霜，朝曦赫赫似秋陽。夜來聽得遊人語，不見梅花見海棠。」

當然，詩人描寫的是南方的十月，而遼闊的北方大地除了偶見的綠樹外，天地自此逐漸進入冷凍模式。

農諺稱「小雪封地，大雪封河」，一到小雪，鄉間已經沒有什麼田野農事了，頂多做一些蔬菜儲藏、副業生產等活動。過去的鄉村，每到入冬農閒時節，農人會趁閒修農具、編笆條、編炕席等等。有的還結伴上山砍藤條回來編。農人本就節儉，能自己動手做的就不花錢，再說那年月也沒錢。

這些年機械化程度越來越高了，傳統耕作早已難得一見。只有在一些偏遠的大山裡，鄉親們恐怕還會沿襲傳統，也還會自己動手做各種農具。

所以，說是農閒時節，可日子哪能閒下來呢！

這時節大蔥、蘿蔔收穫完，地裡的工作都完成的差不多後，日子就顯得悠閒了，鄉間俗語說：「收罷秋，打罷場，莊戶人成了自在王。」其實，說農閒是相對於春夏秋三季而言，有時農閒反而變為「農忙」── 水渠清淤、打壩墊地，對自己的田地來場大維修……除此之外，還會上山砍馬筋條、割黃花筒。

砍馬筋條、割黃花筒是個累人的工作，吃完早飯，大家就帶上乾糧、磨好的鐮刀、扁擔和繩子要到很遠的大山裡。那時由於日子窮苦，鄉親們家家戶戶一年四季燒火做飯都靠柴火，所以近處的山上早已光禿禿，不要說馬筋條、黃花筒沒有，幾乎所有能燒火做飯的柴草都被割光了。所以砍馬筋條、割黃花筒時要翻好幾座大山。割黃花筒相對省力，而砍馬筋條就難搞了。馬筋條高約丈許，一寸粗細，渾身長刺，葉片小而圓，結有類似皂角的豆莢，嫩時其豆子可食用。這東西手不好拿，棵叢濃密又不好下鐮刀。我那時年齡小個子矮，砍不了幾根手上就被扎得鮮血淋淋，冷風一吹疼痛無比。有一次我左手握緊馬筋條用力壓彎夾在胳肢窩，右手揮動鐮刀朝馬筋條根部用力猛砍，誰想由於用力過猛，砍斷馬筋條的同時鐮刀隨著慣性又砍在左腳腳踝上，登時腳踝就像小孩的嘴唇一般裂開，鮮血一下就湧了出來……

馬筋條砍回來後，要在火上燻烤，待烤得有了韌性不易折斷時，莊稼把式就趁熱開始編耮。一個六尺長、兩尺寬的耮要用去一百多根馬筋條，然後用木框將兩邊封住固定，一個嶄新的耮就編成了。

等到開春準備播種時，耮就派上了用場。套上牲口人立在耙或耮上，攥緊左右韁繩吆喝牲口先耙地後耮地，耙耮結合。說到這裡，沒有農村生活經歷的人依然不知其用途。我不妨用書面語解釋幾句，耮地是山區旱區在耙地後進行的土地作業，其作用是拖擦土地表面，使之形成乾土覆蓋層，以減少土壤表面蒸發及平地、碎土、輕度鎮壓等作用。簡單說，就是鎮壓保墒，平整土地。

而割回來的黃花筒則是為編笆，編笆是為了蓋房子用。過去鄉間修房蓋屋大都就地取材，編好的笆很大，長寬各以幾間房來確定。

蓋房時等大梁、檁條和椽子都固定好後，就將整個的編笆鋪在房坡上，抹上一層麥秸泥，最後一壟壟地鋪上瓦，一座新房就成了。編笆結實耐久，不宜蟲蛀，家家都要用到。黃花筒是鄉親們的叫法，其實它的學名人人都知道：就是中

藥連翹的桿枝。因為滿枝金黃，豔麗可愛的連翹花開在漫山遍野的料峭早春，鄉親們就稱其為黃花筒。

這些年，已沒有人再割黃花筒了：一來人們修房有了新的建材代替，不用編笆了；二來人們已不用燒柴火做飯，所以，漫山遍野的連翹花也就開得愈發旺盛。誰都知道，連翹是治感冒的中藥材，鄉親們會在夏、秋甚至冬天上山採連翹。夏天採的叫青翹，秋罷和冬天採的叫連翹，而且價格不菲，成為一個進項不小的家庭副業收入。

男人們閒不下來，勤快的家庭主婦們一到小雪時節更是忙碌。

「小雪醃菜，大雪醃肉」。醃菜和醃肉都是為了給漫長的冬季和春節作準備。小雪是製作醃菜的最佳時令，這個習俗古已有之。清人厲秀芳作《真州竹枝詞引》中記載：「小雪後，人家醃菜，日『寒菜』……蓄以禦冬。」

這時節家家戶戶開始醃製各種鹹菜，醃鹹菜可以說各地都有，非常廣泛。因為古代沒有冰箱，更沒有非當季蔬菜，人們要想在冬天吃到青菜幾乎是件不可能的事，所以就發明了醃菜。不同種類的鹹菜，大多是就地取材，上黨地區的物產同廣大的北方一樣，白菜、蘿蔔、芥菜、雪裡紅等皆可醃製。比如芥菜疙瘩，洗淨切絲，晾乾後加適量鹽、芥末或辣椒等調味品在鐵鍋中翻炒，出鍋後趁熱悶在洗淨晾乾的壇罐內，幾日後便可食用。其香辣爽口，味重提神，是冬日極好的佐餐小菜。

每每看到如今包裝精美的醃菜，當年那些醃菜時忙碌的場景猶在眼前。說實話，超市內品種繁多包裝精美的醃菜比比皆是，但現代化製作的流水工藝和食品添加劑的使用，終究不如按傳統古法醃製的口味純正！

北方醃菜，南方的民間則有「冬臘風醃，蓄以禦冬」的習俗。

小雪時節，一些人家開始動手做臘肉，肉、雞、魚等均可入制，但以豬肉居多。袁枚在《隨園食單》中記載：「豬用最多，可稱『廣大教主』。宜古人有特豚饋食之禮。」臘肉就是醃製後風乾或燻乾的肉，由於便於冬季儲存，風味獨特而廣受人們喜愛。

傳統加工製作臘肉是有講究的，不似現在一些酒店飯館端上來的「速食臘肉」，食之無味，如同嚼蠟。加工製作臘肉的傳統甚為久遠，而且普遍。古時民間每逢冬臘月，即「小雪」至「立春」前，家家戶戶殺豬宰羊，除留夠過年用的鮮肉外，其餘乘鮮用食鹽，配以一定比例的花椒、大茴、八角、桂皮、丁香等香料，醃入缸中。等一週或兩週後，用棕葉繩索串掛起來，滴乾水，進行加工製作。選用柏樹枝、甘蔗皮、椿樹皮或柴草火慢慢燻烤，然後掛起來用煙火慢慢

燻乾而成。或掛於燒柴火的灶頭頂上，或吊於燒柴火的烤火爐上空，利用煙火慢慢燻乾。這樣製作出的臘肉吃起來香味濃郁、油而不膩，而且舌尖回味無窮。

最令我口齒間難忘的臘肉味道是多年前在川滇交界處瀘沽湖畔當地人家裡吃到的「豬膘肉」。豬膘肉是當地人的傳統美食，其製作方法是將豬宰殺後，除去內臟及全身骨骼，再塞入食鹽、花椒、大料等各種香料，然後完整地縫合起來，放置一蔭涼處，豬肉便處於自然醃製狀態，存放越久味道越鮮美。誰家的豬膘肉多，就意味著誰家富有。當地人的習俗是，只有貴客來了才能吃到豬膘肉，而我當時品嚐到的豬膘肉已存放了八年。我清楚地記得與達西娜姆一家人喝著自家釀製的蘇里瑪酒，吃著豬膘肉，滿口留香的唇齒間品嚐的不只是豬膘肉，還有豐足的日子和經年的歲月味道。

一些味道，很脆弱，離開了便不再有。味道經不起跋山涉水，也經不起遠走他鄉，更經不起仿冒製作。只有在誕生那個味道的地方，你才能夠道地地領略——這便是風味飲食的魅力。

可以說，天地自然物候節氣不僅影響著人們的飲食習慣，它還影響著人們的衣食住行。隨節候生活作息，早已滲入到日常生活的方方面面。民以食為天，天順節氣而變。這是千百年來人們與自然和諧相處的生活規律。

是啊，人生存於大自然的懷抱，在敬畏自然的同時，也會情不自禁地歌詠自然事物。翻翻古代的歌謠，便可體會到人與自然渾然一體的情感。霧、雨、露、霜、雪以及冰雹，人們無一例外地加以歌詠，而歌詠最多的，當數詠雪了。人們偏愛雪，讚美雪，大約就是因為雪纖塵不染，晶瑩如玉，而且廣被萬物，無差無別。

如果小雪時節落一場雪，漫天飛舞的雪花合著這個詩意的節令一起降臨人間，該有多麼的美妙。因為，白雪不僅能清掃天空的陰霾，更能喚醒心中的詩情，感悟人間的美好。

果然啊，季候守節禮，小雪應時來！

就在這篇文章結尾時，飄舞的雪花果真應時而至，望著這個冬天的第一場初雪，頓感時光美好而聖潔，心情彷若回到了人生的初戀。

讓我們依循著時光的腳步從容地走吧，在路過這個冬天時，也仿照古人那樣，檐下負暄，煮酒讀書，興之所至，撩起厚厚的棉簾子，招呼一聲：「晚來天欲雪，能飲一杯無？」

許文林　書

〈小雪〉釋善珍（宋）

雲暗初成霰點微，旋聞蔌蔌灑窗扉。最愁南北犬驚吠，兼恐北風鴻退飛。
夢錦尚堪裁好句，鬢絲那可織寒衣。擁爐睡思難撐拄，起喚梅花為解圍。

‖冰封地坼・大雪‖

世間傳佳音，「大雪」悄然至。作為一個降水類節氣，大雪是相對於小雪而言的，意味著降雪的可能性比小雪更大，而非降雪量一定就大。「大雪」節氣，通常落在公曆每年的十二月七至八日，這時太陽到達黃經兩百五十五度。

大雪交節後，天氣進一步變冷，《月令七十二候集解》說：「大者，盛也，至此而雪盛也。」其實，比起小雪節氣來，大雪節氣不一定就下大雪。但只要下雪，就往往下得大、範圍也廣。從多年的情況看，大雪節期間，地面常有積雪未化，而且此時節下雪時雪花也大了，紛紛揚揚飛舞，如鵝毛一般，煞是好看。唐代大詩人李白有詩說：「燕山雪花大如席。」這雖是詩人的誇張之辭，卻也顯示了大雪的神韻。節氣「大雪」和「小雪」意思自有不同。

「小雪」的意思是，雪下得小，地面無積雪。「大雪」的意思，一是雪下得大，二是地面積雪不化。南北朝時的崔靈恩在其《三禮義宗》一書中作過這樣的解釋：「大雪為節者，形於小雪為大雪。時雪轉甚，故以大雪名節。」說得明白而確切。

「大雪」節的命名，在二十四節氣中算是最晚的了。成書於戰國前的《尚書·堯典》中，僅講到四個節氣：「日中星烏，以殷仲春;日永星火，以正仲夏;宵中星虛，以殷仲秋;日短星昴，以正仲冬。」

所說「日中、日永、宵中、日短」是根據日月星辰的特殊方位和晝夜的變化依次命名的，也就是後來定名的春分、夏至、秋分、冬至，簡稱「二分二至」。春秋時期成書的《管子·輕重巳》中，增加了「四立」：立春、立夏、立秋、

立冬，一共有了八個節氣。當時稱這八個節氣為「分、至、啟、閉」：「凡春秋分，冬夏至，立春立夏為啟，立秋立冬為閉。」《左傳·僖公五年》載：「凡分、至、啟、閉，必書雲物，為備故也。」是說到這八個節氣時，要記載風雲物色，這大概便是節氣活動的最早雛形。而成書於秦代的《呂氏春秋·十二紀》中，對節氣的描述與規定，就較為詳實了，有了二十二個節氣，但尚無小滿和大雪。再後來，到了西漢，淮南王劉安所著《淮南子·天文訓》中，補充了大雪和小滿。到這時，二十四節令才得以完備，所定之名也一直沿用至今。在此之前，節令之名未見一致。由此看來，大雪，雖然定名較晚，但也有兩千多年了，而且一名定終身，未有改動。

古人將大雪節氣分為三候：「一候鶡鴠不鳴；二候虎始交；三候荔挺出。」是說大雪之日因天氣寒冷，鶡鴠不再鳴叫了。鶡鴠是寒號蟲，求旦之鳥，大雪時，此陽鳥感陰至極而不鳴，故有「夜之漫漫，鶡鴠不鳴」之說;後五日虎始交，是說老虎已經感知到微陽，開始交配了；再五日荔挺出，荔挺是一種小的蒲草，還有一說荔挺大約就是開春後常見的笤帚苗。

這裡我們不妨多說幾句「鶡鴠不鳴」的典故。鶡鴠，民間稱為「寒號鳥」。它其實不是鳥，而是一種嚙齒動物，學名鼯鼠。牠的前後肢之間有寬寬的皮膜，可以從高處向下輕快地滑翔。傳說牠一入冬就掉毛，在窩裡冷得發抖。寫到這裡，我想起小時候曾學過的寓言故事：說五臺山上有一種奇特的鳥，叫寒號蟲，長著四隻腳，還生有肉翅，卻不能飛。每當到了炎熱的夏天，身上羽毛長得五彩繽紛，漂亮極了，於是，牠就自鳴得意地唱道：「鳳凰不如我！」天氣漸冷，喜鵲勸其趕快壘巢，準備好過冬，寒號鳥卻整天只顧玩耍。等到天寒地凍時節，其羽毛全部脫落，醜陋不堪。寒風吹來，冷得直發抖。此時，它便無可奈何地嗚咽：「哆羅羅，哆羅羅，寒風凍死我，明天就壘窩……」

但是牠天亮後依舊不做窩，而是敷衍地哀鳴：「得過且過，得過且過……」

這則寓言至今記憶深刻。它告誡我們，凡事不可盲目樂觀，更要未雨綢繆才是。

其實，這則寓言也是冤枉寒號鳥了。寒號鳥又名鼯鼠，像蝙蝠一樣但比蝙蝠大許多，是一種會飛的鼠類。其糞便名為「五靈脂」，是珍貴的中藥材。李時珍在《本草綱目》裡介紹說，「寒號蟲即鶡鴠」，「其屎名五靈脂」。五靈脂味甘、性溫、無毒。可用於治療心腹痛、小腸疝氣、產後惡露、腰腹疼痛、小兒蛔蟲病、月經不止等症，外用可治療蟲、蛇咬傷。

我曾目睹過一些採藥人在懸崖絕壁上採挖五靈脂的情景。鼯鼠居住在懸崖上的縫隙中，其糞便五靈脂的採挖自然也非常不易。採挖五靈脂最少要兩三個人配合。採挖時，他們要把幾十丈盤起的井繩等一應工具先背上山頂，固定好位置後，其中一個人腰繫比拇指還要粗的井繩飛身下崖，上面的人根據下崖人呼喊的號聲長短，決定繼續放繩或者停止。而下崖採藥的人則在絕壁上飄來蕩去，儼然就是雜技中的空中飛人，只是比舞臺上的雜技空間更廣闊，看著也更驚險刺激。在一聲接一聲類似猿嘯的長長短短的呼喊中，採藥人隨身攜帶的口袋已經裝滿五靈脂，嘯聲中暗號對好，絕壁頂的人就會將採藥人慢慢放下，等蕩來蕩去的採藥人落地後，趕快解開繩索，發一聲長嘯告訴上面的人安全落地，這時上面的人就會將繩索從山頂扔下，而下面採藥人則飛快地跑到一邊，唯恐從天而降的幾十丈井繩砸到身上。要知道，砸到身上可能會要命的。

多少年過去，採挖五靈脂的這一幕至今歷歷在目，那一聲聲長嘯也猶在耳畔。這情景就像電影的閃回鏡頭一般，揮之不去，彷若時光又回到了久遠的從前。

而大雪節氣最讓我難忘的是抓麻雀。紛紛揚揚的大雪過後，在四下無人的雪地裡掃出一塊空地，在空地上支起一面篩子，篩子下面灑一把穀子，用一根細繩綁住支篩子的小木棍。然後就牽著繩子，遠遠地躲在樹身或者房角後面，等麻雀受不了誘惑，嘰嘰喳喳試探著到篩子底吃穀粒了，就猛地一拉，罩住它。將抓到的麻雀拴一根細線在其腳上，這一頭繫在自己的衣服釦子上，帶著麻雀在朋友面前炫耀。可麻雀是有秉性的，往往這時候它不吃不喝，到處亂飛。

時間一長又怕它死掉，只好將它放飛。

時光倏忽便已經年，但過往的生活片段卻將逝去的歲月場景裝點得豐富而美妙，任何時候想起便覺回味無窮。

大雪時節，天清地靜，山河肅穆，四下雪花自顧地漫天飛舞。

這該是多麼的詩意！

就如古人那般，將一個個雪花飛舞的瞬間用詩詞記錄下來，成為歷史長河中最為動人的詩意生活。

古人詠雪之詩詞不勝其數，而唯獨柳宗元的〈江雪〉一詩令人難忘：「千山鳥飛絕，萬徑人蹤滅。孤舟蓑笠翁，獨釣寒江雪。」詩中所寫的景物是：座座山峰，看不見飛鳥的形影，條條小路，也都沒有人們的足跡。整個大地覆蓋著茫茫白雪，一個穿著蓑衣、戴著笠帽的老漁翁，乘著一葉孤舟，在寒江上獨自垂釣。看，這是一幅多麼生動的寒江獨釣圖啊！

「獨釣寒江雪」、「風雪夜歸人」、「大雪滿弓刀」，在文人看來，這漫天飛舞的，是詩情與詩意。大雪對於文人，

有著特別的意義。

他們用「冰雪」來形容女子的聰明，用「冰魂雪魄」來表示一個人品質的高尚。南朝劉義慶《世說新語》中記載了這樣一則故事：東晉的王徽之，大雪之夜乘一條小船去訪戴安道，天明將至戴家時，忽又吩咐掉頭返回。船家甚覺奇怪，王徽之則說：「乘興而來，興盡而返，何必見戴。」王徽之是大書法家王羲之的兒子，有其父必有其子，其任性放達的性情展現了自由自在不拘小節的賞雪之風度。

而更讓人難忘的是明人張岱在回憶錄《陶庵夢憶》中的一篇敘事小品〈湖心亭看雪〉，表現了自己的賞雪之痴情：「大雪三日，西湖中人鳥俱絕。」張岱乘舟去湖心亭賞雪，到亭上，竟遇到兩位金陵客人正對坐飲酒。見到張岱大喜，遂拉其同飲。而整日為柴米油鹽操心的船家哪有這般閒情逸致，於是搖頭喃喃曰：「莫說相公痴，更有痴似相公者。」這種孤獨者與天地感通的情懷，與柳宗元「獨釣寒江雪」的情形竟無二致。古人用曠達和幽靜共同釀製了大雪時節一種近乎純美的意境，令人浮想聯翩。

大雪時節雖然肅穆靜美，但並不僅僅有任性放達的賞雪怡情，還有著「孫康映雪」的勵志故事。《初學記》卷二引《宋齊語》載：「孫康家貧，常映雪讀書，清淡，交遊不雜。」是說晉朝時候，一個叫孫康的人，非常好學。他家裡很窮買不起燈油，夜晚不能讀書，他就想盡辦法刻苦地學習。冬天夜裡，他常常不顧天寒地凍，在戶外藉著白雪的光亮讀書。經過刻苦努力最終成為飽學之士。這樣的故事往往是舊時大雪時節一家人圍爐夜話的永遠主題。大人們考慮到孩子以後的成就，總會跟孩子講「孫康映雪」的故事。而好奇的孩子們也會在堆雪人、打雪仗之後，在窗前堆一堆雪，利用雪夜的月光，試試可否看清課本上的文字。這種冬夜裡無數次的嘗試就成為人生童年時最美妙的難忘記憶。「書中自有千鐘粟」。大雪，讓人們對美好的未來有著無限的嚮往和深切的期待。

而對於農家來說，大雪另有一番意義。忙了一年，終於可以收起農具，歇上一陣子了。下雪了，就好了，越大越好。「瑞雪兆豐年」嘛。

節氣農諺是對千百年農業經驗的總結，最多的是表述冬雪對收成的好處：「大雪紛紛落，明年吃饅頭。」、「積雪如積糧。」、「麥蓋三層被，頭枕饅頭睡。」、「雪多下，麥不差。」、「雪蓋山頭一半，麥子多打一石。」

你聽聽，這些農諺跟日子、生活緊密相連，即使在雪花飛舞的寒冬也能感受到小麥收割的喜悅和日子的富足，這是多麼有意思的諺語。

而當下，農人們會在這些諺語中由田野退回到房舍，封

緊門窗，風雪吹不進。生起火爐，沏上釅茶，一家老小，圍爐閒話，說天道地，談古論今，盡享天倫之樂。如此大雪封門之時，便也是不愁溫飽的農家最愜意的時候了。

這種圍爐閒話的濃濃風情，由來已久。兩千多年前成書的《禮記·月令》就有這樣的記載：「仲冬之月……冰益壯，地始坼」，周天子命司徒「土事毋作，慎毋發蓋，毋發室屋，及起大眾，以固而閉。」天子還要求臣民「安形性，事欲靜，以待陰陽之所定」。後來民間的「貓冬」習俗（意指躲在家裡不出門），正是古代冬日「閉藏」的演變。

許是古人從冬眠動物中得到啟示，才有了這樣的規定。在冬天生活，盡可能減少活動，少耗能量，「貓冬」現象就是因天氣寒冷而待在家裡避寒。過去的鄉間冬日，天氣好時人們就會到門口曬曬太陽，出門呼吸一下新鮮空氣。從這個意義上說，人類跟動物在大自然的威力下表現出的生存方式大同小異，都要冬眠春醒，依候生息，感時而動，這是自然規律。

如同春天郊遊，夏日避暑一樣，冬日「貓冬」從養生角度看，是有道理的。但隨著科技的發展和生活條件的不斷提升，過去冬三月的「貓冬」習俗已幾乎消失，人們都在為各自的生活忙碌，以期日子越來越好。

常言說，「節氣不饒人」。節交大雪，如果真下一場大雪多好！

果真如此，便是天雖無言，確有常行，是為天性吧！

想像著一場神奇的落雪。它可以瞬息之間使天地變如瓊玉世界，萬物面目皎潔，一切都包涵在它的美麗之中。

大地看似冰封雪裹，萬物眠去一片枯寂，你可知厚厚的雪層下孕育著最早的生機。小草和新麥，都在它的保護與滋養下，等待著春的消息。

此刻，盼望著一場大雪，落地盈尺的大雪……

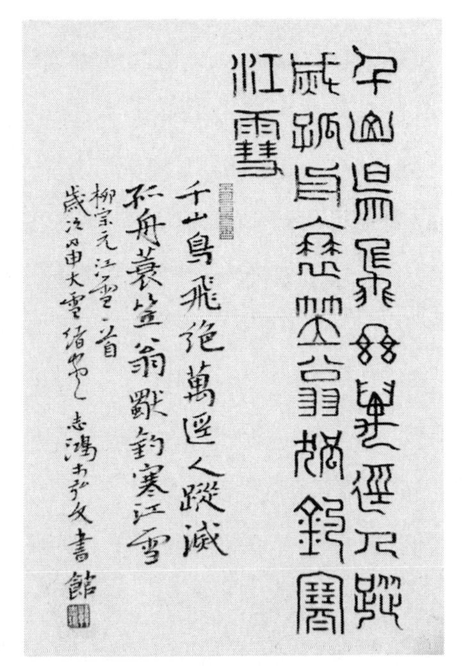

韓志鴻　書

〈江雪〉柳宗元（唐）

千山鳥飛絕，萬徑人蹤滅。孤舟蓑笠翁，獨釣寒江雪。

‖一陽來復·冬至‖

感受時光到了冬至這一期，已經是二十四節氣的第二十二個。

我們不妨把二十四個節氣的名稱按季節分為四組依序列下，會發現節氣命名的規律——

立春，雨水，驚蟄，春分，清明，穀雨；
立夏，小滿，芒種，夏至，小暑，大暑；
立秋，處暑，白露，秋分，寒露，霜降；
立冬，小雪，大雪。冬至，小寒，大寒。

這樣一擺，可以看出第一縱排和第四縱排都有「春夏秋冬」，它們好似二十四節氣的骨架，構成了四時、八節。前面的春夏秋冬以「四立」為始，後面的春夏秋冬則「兩分兩至」。「分」意為「一分為二」，「至」則為「極」。夏至就是說太陽向北走到極點了，要回頭了，但夏季並沒有完，而是剛剛到中點；冬至也是如此，太陽已經走到極南點，開始轉向北迴了，而冬季剛好過了一半。

冬至，是「四時八節」的最後一節，俗稱「冬節」。古人對冬至有「陰極之至，陽氣始生，日南至，日短之至，日影長之至，故日冬至」之說。所以《禮記·月令》載：「是月也，日短至。」、「冬至一陽生」，這天白晝最短，陰氣至此而極，卻也意味著，陽氣從此回生。

「夏至後天漸短短至極處，必有個冬至節一陽來復」。這是我在「日長之極．夏至」一章中寫到的。正所謂物極必反，否極泰來。

陰生於極熱之時，而陽生於極冷一刻，陰陽轉換而生四時。就如冬至節一到，一陽來復，晝漸長而夜漸短，日子就周而復始地又一次奔著春天去了！

季節的概念，最初發生時是很樸素的，根據人們的直接感受。

但當人們要定四季的準確概念並納入曆法時，認識到不能僅僅根據氣溫來定四季，必須找到最穩定的普遍適用的標準。我們智慧的祖先，找到了這個標準，那就是太陽的南北位置。

早在兩千五百多年前的春秋時代，我們的祖先就已經用土圭觀測太陽，測定出了冬至。這一天太陽走到最南端，而北半球則是全年中白天最短、夜晚最長的一天。所以，冬至是二十四節氣中最早制訂出的一個，時間一般落在公曆十二月二十一至二十三日之間，這時太陽黃經到達兩百七十度。

冬至與清明一樣，既是節氣，也是一個古老的傳統節日，故被稱作冬節、長至節、賀冬節、亞歲等。這個歷史悠久的節日，可以上溯到周代。想來周時的冬至，應該是個很熱鬧的日子。周朝把這天作為一年的歲首元旦，天子會率百官在此日舉行祭祀神鬼儀式，以祈求護佑國泰民安。《周禮．

春官》云：「以冬日至，致天神人鬼，以夏日至，致地祇物魅。」冬至日於圜丘祭天，夏至日於方澤祭地。

依據的是天圓地方的原則。這種皇家祭祀禮儀歷朝歷代沿襲下來，直至明清。《清稗類鈔》上說：「每歲冬至，太常侍預先知照各衙門，皇上親詣圜丘，舉行郊天大祭。」元、明、清代的郊祀，都在北京南郊的天壇舉行。位於城北安定門東的地壇公園內，則有氣勢恢弘的方澤壇，這是皇帝夏至日祭地的場所。

從漢代開始，冬至正式成為一個節日，皇帝於這一天舉行郊祭，百官放假休息，次日吉服朝賀。這個節日一直沿襲下來。魏晉以後，冬至賀儀「亞以歲朝」，並有臣下向天子進獻鞋襪禮儀，表示迎福踐長。據史書載，三國時曹植曾在冬至獻白紋履七雙，並羅襪若干於父親曹操，其所附〈冬至獻襪履表〉中有「亞歲迎祥，履長納慶」的句子，對這一「國之舊儀」大書特書，算是將冬至獻鞋這一習俗的前情後果抒發得淋漓盡致了。據傳古代宮中繡女，自冬至後每日便多繡一線。而在冬至當日則須進獻鞋襪，以示本年女紅的開始。

「吃了冬至飯，一天長一線」，這既有添壽之意，也表明從冬至開始白晝漸長。而民間的習俗，則是媳婦會於此日給公公婆婆送上自己縫製的鞋襪，叫冬至「履長」。《太平御覽》上說：「近古婦人，常以冬至日上履襪於舅姑，踐長至之義也。」履長，有著為長輩添壽的意思。

唐、宋、元、明、清各朝都以冬至和元旦（春節）並重，百官放假數日並進表朝賀。尤其南宋時期，冬至節日氣氛比過年更濃，因而便有了「肥冬瘦年」的說法。由此可見，由漢及清，從官方禮儀來講，說冬至是「亞歲」，甚至是「大過年」，絕非虛話。

而在民間，冬至節俗要比官方禮儀更加豐富。東漢時，天、地、君、師、親都是冬至的供賀對象。唐宋時冬至與歲首並重，幾同過新年一般。明清時官方雖維持祭祀儀式，民間卻不再大事操辦了，主要集中在祀祖、敬老、尊師這幾方面，由此衍生出吃餃子、包餛飩、百工放假、慰問老師等風俗。

「冬至餃子夏至麵」。每年農曆冬至這天，不論貧富，餃子是必不可少的節日飯（此就北方而言，南方冬至則多吃湯圓）。諺云：「天寒冬至到，家家吃水餃。」這種習俗，民間說法是因紀念東漢「醫聖」張仲景冬至捨藥救人而傳承下來的。

據傳張仲景任長沙太守時訪病施藥，大堂行醫，後辭官回鄉為鄉鄰治病。他返鄉之時正是冬季，看到鄉親們飢寒交迫，不少人的耳朵都凍爛了，便在冬至那天舍「祛寒嬌耳

湯」醫治凍瘡。他把羊肉、辣椒和一些驅寒藥材放在鍋裡一起熬煮，然後撈出切碎，用麵包成耳朵樣的「嬌耳」，煮熟後分給來求藥的人食用，治好了人們耳朵的凍傷。後人學著「嬌耳」的樣子包成食物，代代相傳，於是，便有了後世的美味「餃子」或「扁食」。

這「羊肉嬌耳」讓我想起小時候的鄉村生活。那時每到冬至就會安排殺幾隻羊，好讓勞作了一年的鄉親們解解饞。那時家家窮，生活差，一到冬天我們一群朋友就數著日頭盼望著過冬至。

因為冬至能飽飽地吃頓「羊肉疙瘩」——當地人們叫羊肉餃子是「羊肉疙瘩」。

「吃了羊肉疙瘩，天冷不凍耳朵」。「疙瘩」二字，聽起來給人感覺結實富有，而吃起來更是鮮香有嚼頭，所以一聽到「羊肉疙瘩」這幾個字就叫人口水直流。冬至殺羊時，我們一群小孩就興致勃勃地圍觀瞧稀罕，也盼著趕快拿到分給自家的羊肉，所以天再冷也不覺得。殺羊的過程緊張而熱鬧，當羊皮剝去，羊下水掏出後，羊肉用鐵鉤掛在木架上，這時有人就用高音喇叭開始廣播叫大家來分肉。說分肉其實並不多，一人也就幾兩肉，人口多的家戶分的肉自然多點。

冬天天短，地裡也沒什麼農事，家家幾乎都是一天只吃兩頓飯。

冬至節更是如此，從上午吃罷早飯，人人就等著晚上的這頓「羊肉疙瘩」呢！冬至的午後，村莊上空全是家家於案板上剁餃子餡的聲響。大人們興致勃勃地忙碌著，而小孩子從分到肉的那一刻便不再嬉戲打鬧，而是噙著口水圍在大人們身旁轉，眼巴巴地等著包好的餃子下鍋。等餃子煮好後，大人們總會把第一碗「羊肉疙瘩」端起，囑咐道：趕快送去給你們老師！鄉間的人們非常純樸，他們就以這樣一種方式傳承著尊師重道的風俗。

冬至吃餃子，有不忘「醫聖」張仲景「祛寒嬌耳湯」之恩，後來就演繹出「禮敬師長」的特別意義。這樣的一種傳統尊師美俗由來已久。

山西民間素有「冬至節，教書的」諺語，說的就是這種尊師風俗。這種說法也給冬至節留下了「最早的教師節」的好名聲。

的確，舊時冬至節尊師拜師的傳統甚為隆重。許多地方在冬至這天，由村中或者族裡德高望重的人主持，帶領穿新衣攜酒脯的小學生前去拜師，而教書先生則會帶領學生拜聖人孔子牌位。隆重一些的地方還會懸掛孔子像，下邊寫一行字：「大成至聖先師孔子像」。

祭孔時還要「拜燒字紙」。過去愛惜字紙、不許亂用有字的紙擦東西。

因為愛惜字紙是對聖人尊重的表現，如亂用字紙揩抹髒東西就是對先師的褻瀆不恭，所以把帶字的廢紙收集起來，在冬至祭孔時一齊燒掉，燒字紙時師生要一齊跪拜。

祭孔儀式完畢後，再由長老帶領學生拜先生。然後宴請先生，招待老師的菜餚往往是燉羊肉。這些習俗民國後逐漸消失，一些祭祀儀式早已無從尋覓，但在偏遠的鄉間還會有頑強而簡單的傳承，就如冬至節送給老師的一碗「羊肉疙瘩」！

對冬至日祭孔拜師儀式，古書上這樣解釋：「冬至士大夫拜禮於官釋，弟子行拜於師長。蓋去迎陽報本之意。」一陽來復，知恩圖報，大概便是這樣的意思。

冬至不僅是尊師、履長的日子，也是祭祀窯神的日子。

過去小煤窯眾多，其煤炭開採依靠人工，多有危險。

煤炭在極寒冷的冬至後，可生火爐做飯驅寒取暖，從黑洞洞的小煤窯採掘極不容易。所以冬天圍爐向火，暖意融融時刻，不能忘記窯神賜給石炭的深恩大義，於是在小煤窯遍布的山西，每逢冬至祭祀窯神便也成為一道風景：「冬至這天，各小煤窯都要停工一天，披紅掛綵，張貼對聯，響鞭放炮，大擺宴席。把宰殺好的整豬、整羊供放在窯口，為窯神爺慶壽，並祈求窯神爺保佑井下平安，消災免難。」

關於窯神賜炭，民間還流傳著這樣一個故事：說在很久

很久以前，有位美麗的牧羊女孩，非常疼愛她的羊群，與山羊相依為命。

有一年冬天，老天爺降下大雪，寒風刺骨，眾百姓飢寒難忍。寒冷中的女孩在山上放牧時，她最喜愛的一隻溫柔的小黑山羊跑到一個山洞裡，女孩隨即追進山洞，這時山洞裡走出一位老爺爺，給了女孩一塊烏黑發亮的石頭，女孩立刻感到渾身暖烘烘的，剛想問黑石頭是什麼寶貝，老爺爺卻一閃不見了。女孩回家後，又把黑石頭分給了鄉親們，送到誰家，誰家就不冷了……這黑石頭就是煤，傳說那老爺爺就是窯神。從此，每到冬至，人們都會帶著黑色的豬羊來祭奠窯神。

過去無數的歲月，人們遵循永續開採，並懂得感恩，年年冬至節要祭奠窯神。而今，那些遍布上黨大地的小煤窯早已被若干現代化的大型礦井所取代，我不清楚現在的煤礦是否還沿襲祭奠窯神的風俗，但井下機聲隆隆日夜不停地採掘煤炭資源卻是事實。有些礦井已經資源枯竭，不停地採挖導致許多村莊塌陷、道路沉降，而且生態環境愈加惡化，這與傳說中窯神賜予人們溫暖是多麼地大相逕庭啊！

如果真有窯神，面對現狀該如何指點我們今天的生活？！

話扯遠了，我們還說冬至節氣吧。

古人將冬至分為三候：「一候蚯蚓結；二候麋角解；三候水泉動。」

冬至之日「蚯蚓結」，是說蚯蚓感陰氣蜷曲，感陽氣舒展，六陰寒極時，糾如繩結。後五日「麋角解」，麋與鹿同科，卻陰陽不同。麋頭似馬、身似驢、蹄似牛、角似鹿，因而被稱作「四不像」。古人認為，鹿屬陽，山獸，感陰氣而在夏至解角。麋屬陰，澤獸，感陽氣而在冬至解角。再五日「水泉動」，水乃天一之陽所生，現在一陽初生，所以，水泉已經暗暗流動。

冬至，為陰極之至。物極必反，陰極生陽。過了這一天，陽氣初生，土壤水澤中便有了埋藏的春信。所謂「冬至一陽生」源於《周易》的卦象。冬至在《周易》中反映在「復卦」，下震上坤。雷在地中，陽在陰中。在代表冬至的卦中，本是全陰的六根陰爻的最下面一根已變成陽爻，所以冬至又稱作「一陽生」。此時陽氣還很微弱，要扶助，不能傷害。所以「復卦」上說：「先王以至日閉關，商旅不行。」

《後漢書》上也說：「冬至前後，君子安身靜體。」意思都是說要靜養，不要興師動眾，以免擾亂了天地陰陽的變化。陰陽之氣，驅動四時變化，萬物生長。而到了下一個月，卦象上的陽爻便從一個發展成了兩個；再到次年一月，在下發生的陽爻便與上方陰爻數目相等，象徵陽氣上行湧

動，是為「三陽開泰」。然而，這些都源於冬至「地雷復」最初的那個陽爻。一陽初生，萬物之始。正如杜甫詩云：「冬至陽生春又來。」

以上是從《周易》卦象來說，而物候方面，古人對冬至仍有不少說法。其中一說冬至「蚯蚓結，葭灰動」。蚯蚓疏通土地，靠觸覺感知氣候，稱為土精。它入冬時頭向下，冬至時陽氣動改為頭向上，因氣冷而蜷結。夏夜土中時時有粗鳴聲，故蚯蚓有「歌女」之稱。葭是蘆葦，其葦膜大多數人都見過，吹奏笛子時要往笛子左端第二孔貼上葦膜，使笛音更加清脆、明亮。而古人冬至時則將葦膜燒成灰，裝在竹管裡以蒹葭之思感應節氣，節氣到，灰自動飛出竹管。

蒹葭之思感應節氣的做法還與中國傳統音樂有密切的關聯，中國傳統音樂的「律呂」或「樂律」就是用來協調陰陽、校定音律的一種設備，現代音樂上叫定音管。我們的祖先用竹子製成十二根竹管，與十二個月分相對應，奇數的六根稱「律」，偶數的六根稱「呂」，奇數表示陽，偶數表示陰。按長短次序將竹管排列好，插到土裡面。

竹管是空的，竹管中儲存用蘆葦燒成的灰。以此來候地氣，到了冬至的時候，一陽出。陽氣一生，第一根九寸長、叫黃鐘的管子裡便有氣衝出，竹管裡的蘆灰也隨之飛出來，並發出一種「嗡」的聲音。

這種聲音就叫黃鐘，這個時間就是子，節氣就是冬至。

想想，這是多麼有趣的事情。古人將寒冷沉寂的冬天也過得如此富有詩意，就如同從冬至日開始的《九九消寒圖》一般，將數九嚴寒時節一個個清冷日子過得意趣盎然。

「夏至入伏，冬至數九。」冬至是「數九」天的開始，古時從這天起就開始在《九九消寒圖》上寫九、畫九。從明代開始出現的《九九消寒圖》有梅花、文字、圓圈、葫蘆、方孔錢等圖形，使用哪種圖形往往根據個人的喜好而定。

民間流行的《九九消寒圖》通常是在一張印好的雙鉤書法字上描紅，這九個字是「庭前垂柳珍重待春風」或者「春前庭柏風送香盈室」等，每字九劃，共八十一劃，從冬至開始，每日用毛筆按照筆劃順序填充。每天填完一筆後，還要用細毛筆著白色在筆畫上記錄當日天氣情況。也有更細緻的是用不同顏色來代表不同的天氣現象，晴則為紅，陰則為藍，雨則為綠，風則為黃，雪則為白。

每過一九填好一字，直到九九八十一天後春回大地，一幅《九九消寒圖》就算大功告成。而一幅「寫九」圖，便是九九天裡較為詳盡的氣象資料。此外，還有一種雅緻的梅花圖，在白紙上繪製九枝素梅，每枝九朵，一枝對應一九，一朵對應一天。正如明朝劉侗《帝京景物略》中記載：「冬至日，畫素梅一枝，為瓣八十有一，日染一瓣，瓣盡而九九出，則春深矣。」填梅花還有講究，如果是晴天，就填下面一半，陰天呢，填上面，颳風填左邊，下雨填右邊，雪天就填中間。這種梅花圖多為閨閣中的女子們喜歡：「冬至後，貼梅花一枝於窗間，佳人曉妝，日以胭脂塗一圈。」填花不用毛筆，每天晨起梳妝的時候，隨手抹點胭脂。八十一日之後，梅花就變成了一枝輕暖明媚的春杏了。所謂「試數窗間九九圖，餘寒消盡暖回初。

梅花點遍無餘白，看到今朝是杏株」。清冽的嚴寒時光，一幅《九九消寒圖》，便可以詩意地打發掉漫漫長冬。

更為雅緻的是古時風雅文人逢九相聚，所作九體對聯用以消寒，每聯九字，每字九劃，每天在上下聯各填一筆。如上聯若為「春泉垂春柳春染春美」，下聯則對為「秋院掛秋柿秋送秋香」，既消磨了時光，又娛樂了身心，這是多麼充滿意趣的雅事。忙碌的現代人早已沒了古人的這般雅興，即使有也缺少了古人的那般才情。現代人在匆忙趕路中丟失了許多東西，丟失了日常生活中的審美和詩意，美的情愫失落了，生活就失去了美感，多了疼痛。

能讓人在嚴冬裡修身養性的《九九消寒圖》早已從我們的生活中丟失的無處尋覓，所幸的是冬至的〈九九歌〉還在某些地區中口口傳唱：「一九二九不出手，三九四九冰上走，五九六九沿河看柳，七九河開，八九雁來，九九加

一九，耕牛遍地走。」這讓我想起兒時的冬至，那時，美美地吃過「羊肉疙瘩」後，就會和朋友們在雪地上堆雪人，推桶箍，打棗核，抽吃打貓，打瓦，在盡情的嬉戲中朗聲念著〈九九歌〉。有時念到高興處，就自己編詞突然指著對方說：「三九四九凍死雞狗……」隨即是一陣放肆的笑聲在雪地曠野間遊蕩，接著幾個雪團亂飛，雪仗便自然開打。

那時的冬天，天冷雪大，眼中的世界單純潔靜而充滿歡樂。

回憶總是那麼美好，而時光卻是如此匆匆。就如跟我寫節氣系列，從立春開始寫起，才看到春暖花開，一眨眼竟到了數九寒天。

冬夏有序，各有妙處，人生於天地之間，感四時而順節候，讓我們就追著時光感受這份美好吧。

冬至過後，最寒冷的日子才開始到來。但一陽初生，白晝漸長，春信埋伏而充滿希望。過了小寒、大寒，又一個美好的春天正在萌發。

是啊，冬至——「冬天來了，春天還會遠嗎？！」

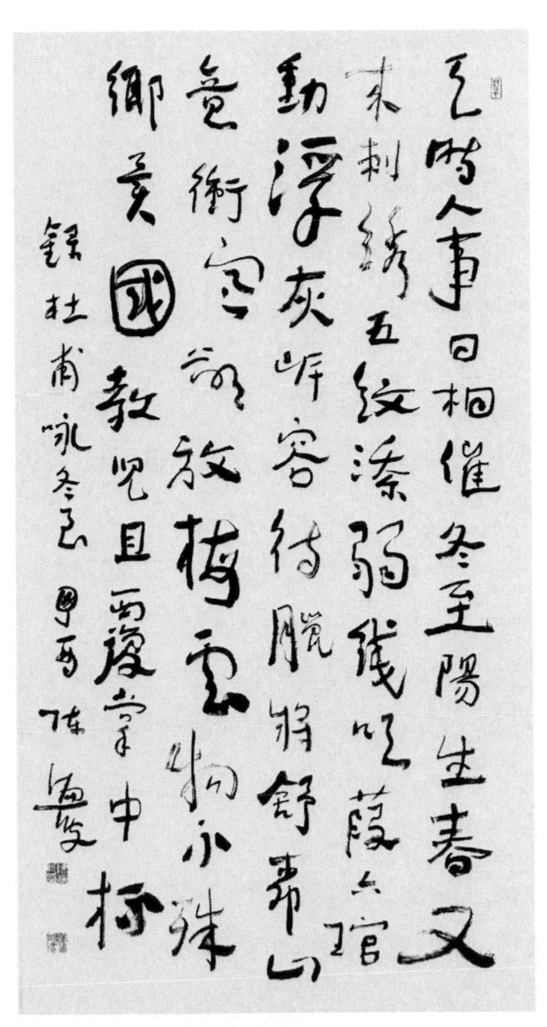

陳濂波　書

〈小至〉杜甫（唐）

天時人事日相催，冬至陽生春又來。刺繡五紋添弱線，吹葭六琯動浮灰。

岸容待臘將舒柳，山意沖寒欲放梅。雲物不殊鄉國異，教兒且覆掌中杯。

‖花信始來‧小寒‖

小寒最冷時，一年將到頭。

吃罷冬至的羊肉餃子，日子就在「一天長一線」中走著，一晃半個月，小寒節氣便在幾次「風刀霜劍嚴相逼」的冷峻時刻驟然降臨。

《淮南子‧天文訓》中說：「冬至加十五日，斗指癸則寒。」小寒是二十四節氣中倒數第二個，屬十二月節氣，一般在公曆一月五至七日之間，此時太陽位於黃經兩百八十五度。

關於小寒，《月令七十二候集解》中是這樣說的：「十二月節，月初寒尚小，故雲，月半則大矣。」小、大寒的寒字，下面兩點是冰，《說文》解釋寒為凍，此時還未寒至極，至極是大寒。冬日的曠野雪地，白日隱寒樹，野色籠寒霧，給人極冷之感。此時，我們所感到的寒氣是由於陽氣上升，逼陰氣所致。

雖說半個月後便是大寒節氣，其實多數年份小寒更冷。這是因為從冬至開始計算寒天的「九九」，到「三九」這個最冷的時段，正好落在小寒節氣內。故民間常有「小寒勝大寒」的說法。

既然小寒更冷，古人為什麼要在小寒後又加一個大寒，而不是倒過來排列呢？原來，我們的傳統文化特別講究「物極必反」，認為寒暑交替的「天道」是寒冷之後迅速回暖，如果先大寒後小寒，從字面上就找不到最冷後「回暖」的感覺了，所以把大寒放在後面，讓人覺得大寒後迅速回歸立春，這更符合人們傳承的「否極泰來」☒ 的思維習慣和生活經驗。此外，還有一個因素，就是二十四節氣中，冬季的小寒正好與夏季的小暑相對應，位於小寒節氣之後的大寒，「四九」有幾天正處於其中，諺語說：「四九夜眠如露宿」，這時天氣也很冷，並且冬季的大寒恰好又與夏季的大暑相對應，所以夏季小大暑、冬季小大寒才如此對應排列。

古代將小寒分為三候：「一候雁北鄉；二候鵲始巢；三候雉始雊。」

小寒之日「雁北鄉」，古人認為候鳥中大雁是順陰陽而遷移，此時陽氣已動，北飛雁已經感知到陽氣。「鄉」只是趨向之意，並非此刻就動身北遷；後五日，「鵲始巢」，是說此時北方到處可見到喜鵲，喜鵲感知陽氣並噪枝，已經開始築巢，準備繁殖後代；再五日，「雉始雊」，雉就是我們通常說的山雞。雉乃陽鳥，其感於陽而後有聲。

「雊」是求偶聲，是指雄性野雞感到陽氣上升而開始鳴叫，早春已近，早醒的雉鳩開始求偶了。王維〈渭川田家〉詩中「雉雊麥苗秀，蠶眠桑葉稀」指的便是這種野雞。雉體型如雞，毛色五彩斑斕。雄性色彩豔麗，尾巴長；而雌的色彩較暗，尾巴較短。小時看古裝漫畫，記得皇帝坐朝時左右

侍從所執的扇障，就是用野雞尾羽制的雉尾扇，雉尾扇亦為皇家儀仗之一。

唐人元稹的〈詠廿四氣詩·小寒十二月節〉中便有對小寒三候的描寫：

> 小寒連大呂，歡鵲壘新巢。
> 拾食尋河曲，銜紫繞樹梢。
> 霜鷹近北首，雊雉隱聚茅。
> 莫怪嚴凝切，春冬正月交。

詩中提到的「大呂」，就是我們平時說的「黃鐘大呂」。中國古代音韻十二律中，黃鐘是六種陽律的第一律，大呂是六種陰律的第一律。黃鐘對應子月十一月，大呂對應丑月十二月，所以詩中說「小寒連大呂」是說小寒為十二月節。後五句說的是小寒分為三候之事。

最後兩句說，雖然正值嚴冬，但離春天正月已經不遠了。

農曆十二月對應古樂十二律中的「大呂」。古人解釋，呂是「旅陽宣氣」，是被陽氣逼迫的結果。《白虎通》對「大呂」的解釋是：「呂者，拒也，言陽氣欲出陰不許也。呂之為拒者，旅抑拒難之也。」

我在「大暑」一章中曾提到過十二律，今人對此陌生已久，不妨再說幾句，也算一個常識。古樂分十二律，有六律

六呂。十二律可分為陰陽兩類：奇數的六律為陽律，叫六律；偶數的六律為陰律，被稱為六呂，合稱為六律六呂，簡稱兩者為六律呂。

其律制排行正好對應陰曆十二個月，從低到高依次為：黃鐘（十一月），大呂（十二月），太簇（正月），夾鐘（二月），姑洗（三月），仲呂（四月），蕤賓（五月），林鐘（六月），夷則（七月），南呂（八月），無射（九月），應鐘（十月）。《呂氏春秋·音律》說：「仲冬日短至，則生黃鐘。季冬生大呂。孟春生太蔟。仲春生夾鐘。季春生姑洗。孟夏生仲呂。仲夏日長至，則生蕤賓。季夏生林鐘。孟秋生夷則。仲秋生南呂。季秋生無射。孟冬生應鐘。天地之風氣正，則十二律定矣。」

上文所說「仲冬日短至，則生黃鐘。季冬生大呂。」這裡我們以「冬至生黃鐘」為例說明。古代傳統音樂的「律呂」或「樂律」是用來協調陰陽、校定音律的一種設備，現代音樂稱之為定音管。我們的先民用竹子製成十二根竹管，與十二個月分相對應，奇數的六根稱「律」，偶數的六根稱「呂」，奇數表示陽，偶數表示陰。按長短次序將竹管排列好，插到土裡面。空竹管中放有葦膜燒成的灰。以此來候地氣，到了冬至交節時刻，一陽生。陽氣一生，第一根九寸長、叫黃鐘的管子裡便有氣衝出，竹管裡的蘆灰也隨之飛出

來，並發出一種「嗡」的聲音。這種聲音就叫黃鐘，這個時間就是子，節氣就是冬至。用這種聲音來定調就相當於現代音樂的 C 調。而小寒亦然，所有節氣依序這般。古人智慧，用這種方法可以定時間，來調物候的變化，所以叫作「律呂調陽」。

黃鐘配大呂。《漢書·歷律志》解釋大呂與黃鐘的關係是:「呂，旅也。言陰大，旅助黃鐘宣氣而牙物。」這個「旅」已經是客，不是主了，初生陽氣充滿了生命力，但陰氣仍然強大。「牙物」的「牙」通「芽」，是萌生之意。

音律由低而漸高，光陰由短而漸長，地氣由寒而漸暖，時光周而復始，一年將盡，正所謂：「大呂之月，數將幾終，歲且更起。」

是的，此時節舊歲近暮，新歲即至。進入十二月，人們就該忙著過大年了。

臨近春節的十二月稱為「臘月」，古時也稱「臘月 」。這種稱謂與自然季候並沒太多的關係，而主要是以歲時之祭祀有關。所謂「臘」，本為歲終的祭名。東漢泰山太守應劭所著的民俗著作《風俗通義》這樣解釋臘月：「夏日嘉平，殷日清祀，周用大蠟，漢改為臘。

臘者，獵也，言田獵取禽獸，以祭祀其先祖也。或日：臘者，接也，新故交接，故大祭以報功也。」因為接踵而來的祭祀活動，臘月又成為「祭祀之月」。意思是之所以把十二月叫臘月，是因為古時候這個月是用獵取禽獸之肉祭拜祖先的日子。

進入臘月標誌著距離最盛大的傳統節日春節只有一個月了。在這一個月裡，各種迎接新年的民間習俗將悉數登場，而第一個迎面而來的就是「臘八」。

今年小寒交節正好是「臘八」這一天。俗諺云：「臘七臘八，凍掉下巴。」此時正值寒冬，民間又到了熬臘八粥、泡臘八蒜的時候。

臘八粥。這是年節來到的節物提示，俗諺說「過了臘八就是年」，所以有「報信的臘八粥」的說法。臘八粥，它是將果味、豆類與小米、糯米等一起熬製而成，享用的時間是在臘八的早上（農曆十二月初八）。它起源於古代冬至祭祀的豆糜，傳說佛祖養生成道之日便是臘月初八，所以臘八粥是僧俗兩界共享的節日食品。臘八粥最早見於文獻是在宋人孟元老撰寫的《東京夢華錄》中，「諸大寺作浴佛會，並送七寶五味粥與門徒，謂之『臘八粥』。都人是日各家亦以果子雜料煮粥而食也」。宋代東京寺院與城市平民都在臘八這天享用臘八粥。到清代，喝臘八粥的風俗更是盛行，在宮廷，皇帝、皇后、皇子等都要向文武大臣、侍從宮女賜臘八粥，並向各個寺觀發放米、果等供僧侶道人食用。而在民

間，早已將這一天漫延為一個重要節日，成就了臘八祭祖、食粥、團圓的民俗風尚。據清乾隆年間成書的《帝京歲時紀勝》記載：「臘八日為王侯臘，家家煮果粥，皆於預日揀簸米豆，以百果雕作人物像生花式。三更煮粥成，祀家堂門灶隴畝，闔家聚食，饋送親鄰，為臘八粥。」古時講究的人家在做「臘八粥」時還格外重視生活的美化與情感的表達，要用果品雕刻人物與各色仿生形象，以表達人壽年豐的祈求。初八清晨煮好「臘八粥」後，首先是祭祀祖先、門神、灶神以及土地之神。然後全家團聚共享，並在親鄰間相互饋送，從此拉開年節親情匯聚的序幕。由此我們可看出舊時臘八日食「臘八粥」的隆重。上述文中所言「王侯臘」是道家在臘月初八的一個節日。道家有五臘：正月初一是「天臘」，五月初五是「地臘」，七月初七是「道德臘」，十月初一是「民歲臘」，十二月初八（正臘日）是「王侯臘」。五臘在道教的地位與「三元節」相似，故而在民間有「三元五臘」的說法。三元節三官大帝賜福赦罪解厄，五臘日便是五帝校定生人延益的良日。

由此可以看出，過去皇家、民間和佛家、道家都非常重視臘八節。寺觀也在這時以舍粥的方式聯繫信眾，一些著名寺觀在臘八清晨舉行舍粥活動。《燕京歲時記》載：「雍和宮喇嘛，於初八日夜內熬粥供佛，特派大臣監視，以昭誠

敬。其粥鍋之大，可容數石米。」

北京的雍和宮，自清朝以來，年年臘八在廟內擺起大鍋熬粥，施捨給信眾。杭州的靈隱寺也是如此。

古往今來，臘八的民俗在時光變幻和社會演進中經久不衰，向為人們看重。煮「臘八粥」往往要從初七夜間開始。記得小時候每逢臘八，母親總會提前準備粥料，無非就是盡家中所有之米豆乾果一起熬煮。母親一夜會幾次起來看粥鍋續柴火，火苗閃爍映照著母親明暗的臉龐，這樣的情景至今歷歷在目。我們則蜷縮在厚厚的棉被裡，三番兩次地醒來，小聲地詢問母親「臘八粥好了嗎？」再扭頭望向糊著麻頭紙的窗戶，心中不免焦急：天怎麼還不亮啊！

整整大半夜各種米豆在鍋中文火慢熬，香氣氤氳中天漸明之際而粥也融化熟爛。

想起這些至今都心存溫暖，就如小時候盼天明喝臘八粥一樣令人難忘。

長大後就對這個粥字特別關注起來。粥字是「鬻」字簡化，從字形看，底下是一個鬲，米字兩邊熱氣游弋，是米在熱氣中成糜的景象。這糜是米在沸騰中爛而融化的，由此有「糜沸」之詞，「糜沸」是熱氣騰騰中的混沌，粥也非得熬到這份境地，才有味道。後來讀書懂得這個詞也比喻世事混亂，西漢揚雄的〈長楊賦〉中有「豪俊糜沸雲擾，群黎為

之不康」。糜爛之後混沌一片，也就是糜潰，所以熬成的粥也稱「糜粥」。清代著名文學家袁枚所著《隨園食單·飯粥單》中說：「見水不見米，非粥也；見米不見水，非粥也。必使水米融洽，柔膩如一，而後謂之粥。」袁枚是美食家，他認為只有水和米全然融為一體，才有稱作「粥」的資格。如此的定義，頗有「剛柔相濟」、「陰陽互補」的傳統哲學意味。漢劉熙的《釋名》說：「煮米為粥，使糜爛也。粥濁於糜，育育然也。」水米成交，剛柔合道，米混沌為糜，糜再混沌才為粥。這「育育然」便是在陰陽交和中的孕育生騰吧。

臘八粥在傳統文化中是年節即將開始的第一個信號，更是民間上下共享的第一道飲食佳品。其中核桃仁、紅棗、花生仁、板栗、紅豆、蓮子、松仁、桂圓、葡萄乾、銀杏、菱角等不下二十種與米雜匯熬成的臘八粥正是補冬的營養食品。清《粥譜》記載，臘八粥乃食療佳品，有和胃、補脾、養心、清肺、益腎、利肝、消渴、明目、通便、安神的作用。如此對身心有補益的美味飯食，於「冷在三九」的小寒時節豈可錯過！

喝罷養身養心的臘八粥，一家人還可其樂融融圍坐一起泡臘八蒜。「臘八蒜，臘八蒜，吃了一輩子不受難。」臘八蒜的泡製極其簡單，挑選上好的紫皮蒜，剝皮後放入瓶子或罈子內，然後倒入我們此地的特產老陳醋，加蓋密封，置於低溫地方。幾日後，泡在醋裡的蒜就會漸漸變綠，通體湛青，觀若翡翠。既美觀又誘人食慾，待除夕打開後，那蒜瓣蒜辣與老陳醋的酸香撲鼻而來，此刻，盛一盤熱騰騰的餃子，這光景，想著就垂涎欲滴。

臘八時節，我們不妨放慢匆匆的腳步，讓生活節奏舒緩下來，和家人一起熬一鍋水米成交，剛柔合道的臘八粥，在光陰閒長、悠然自得的心境中，從容閒致地品嚐可好？要知道，從容是最好的養生啊！

從容地生活，得先有從容的心態。即使在滴水成冰的三九日子，慢慢喝罷一碗濃稠養生的「糜粥」，信步走出戶外，感受肅穆的天地之氣，聽聽凜冽的風中傳來了什麼！

那是花信風嗎？

花開傳消息，風先來報信。《呂氏春秋》上說：「風不信，則其花不成。」風是守信的，到時必來，所以叫花信風。花信風從小寒開始吹，有二十四番。花信風從小寒第一候開始，至次年穀雨第三候截止，四個月時間，跨八個節氣，二十四候，順次列出二十四種當令鮮花。每個候對應著一個花信風，每隔五天，就有一種鮮花知時而開。小寒有三候，一候梅花，二候山茶，三候水仙。都是大家喜歡的花。

梅花歡喜漫天雪，可謂人間第一枝。其冷豔逼人，傲雪

綻放，最得文人雅士的歡心，素被人稱作「第一美人」。王冕隱居山野「植梅千樹」因梅成痴，林逋西湖孤山賞梅吟詩以梅為妻。過去宮中的美女愛在額頭上畫「梅花妝」，而戎馬倥傯的陸凱率兵南征登上梅嶺，正值梅花怒放，回首北望，想起了隴頭好友范曄，又正好碰上北去的驛使，於是陸凱折梅作禮品賦詩贈友人：「江南無所有，聊贈一枝春。」江南富庶，我卻只給你一個報春的梅花。以梅喻人，是對人最好的讚譽。山茶呢，隆冬盛開，花期漫長，頗有越挫越勇的風骨，所以李漁說它：「具松柏之骨，挾桃李之姿。」而開在小寒最後五天的水仙花，飄逸無俗氣，黃庭堅稱它為「凌波仙子」。與長治有歷史淵源、曾兼任潞州別駕的唐玄宗李隆基還用金玉七寶製作盆子，裝了紅水仙，賜給「卻嫌脂粉汙顏色」的虢國夫人。

花信風來始於小寒。二十四番花信風，除小寒三候花信外，依節氣順序，其餘七個節氣的花信分別是：大寒的花信為第一瑞香、第二蘭花、第三山礬；立春的花信為第一迎春、第二櫻桃、第三望春；雨水的花信為第一菜花、第二杏花、第三李花；驚蟄的花信為第一桃花、第二棠棣、第三薔薇；春分的花信為第一海棠、第二梨花、第三木蘭；清明的花信為第一桐花、第二麥花、第三柳花；穀雨的花信為第一牡丹、第二酴醾、第三楝花。

在三九嚴寒的小寒時節，看著枝頭上臘梅次第綻放，心中湧起的竟是滿滿的詩情 —— 王安石的一首〈梅花〉:「牆角數枝梅，凌寒獨自開。遙知不是雪，唯有暗香來。」可以說是啟蒙之作。而王維的「君自故鄉來，應知故鄉事。來日綺窗前，寒梅著花未？」則讓人頓起思鄉之情。前文說王冕因梅成痴，這位號稱「梅花屋主」元末畫家猶擅畫梅花，他曾在一幅墨梅圖上題詩曰:「吾家洗硯池邊樹，個個花開淡墨痕。不要人誇好顏色，只留清氣滿乾坤。」該詩托梅花的口吻，表達出詩人高潔的人格追求，可謂一語雙關，啟人心智。在冰天雪地的季節中讀這些梅花詩，真是暗香浮動令人陶醉！

喝罷暖暖的臘八粥，再畫一筆《九九消寒圖》，在數九寒天中聆聽花信的消息，在梅花綻放的聲音裡開始忙碌著置新衣辦年貨，就聽到春節的腳步越來越近……年味，便從小寒時節這第一碗暖心的臘八粥開始，漸漸地瀰漫開來。

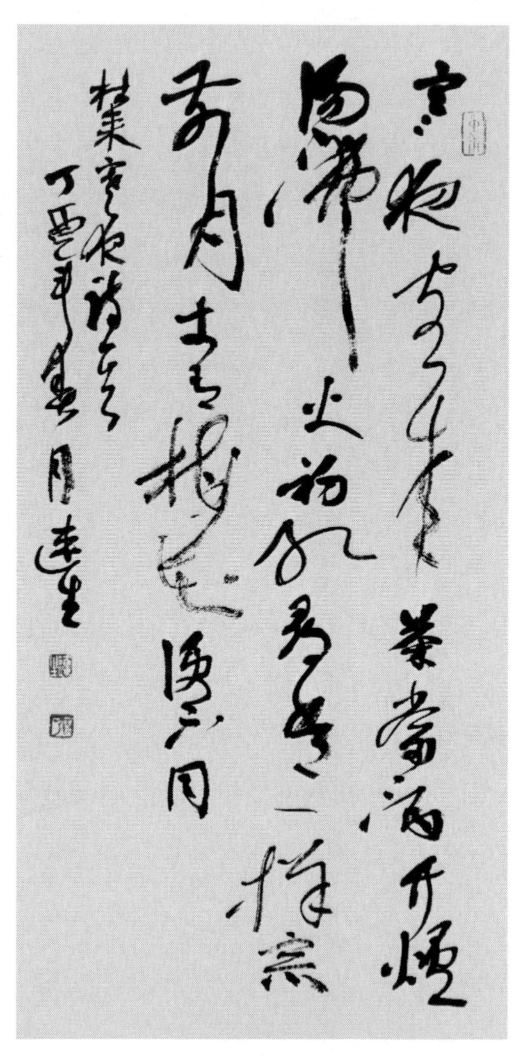

張連生　書

〈寒夜〉杜耒（宋）

寒夜客來茶當酒，竹爐湯沸火初紅。尋常一樣窗前月，才有梅花便不同。

節變歲移·大寒

大寒小寒又一年。

一年很慢，一年又很快。從年初的立春開始，我們循著二十四節氣的腳步，走過春耕、夏耘、秋收、冬藏那一個個富有詩意的日子，在體察時光之美的四季輪迴中，今天走到了二十四節氣的最後一個節氣大寒。

大寒，也是冬季的最後一個節氣。這意味著農曆年的最後階段，預示著又一個新生的春天即將到來。俗諺有「大寒到頂端，日後天漸暖」的說法，就是說天氣再冷，到這時候也冷到頭了，物極必反，天要漸漸轉暖了。大寒節氣一般跟農曆的歲末時間重合，所以大寒時節大多是過年時間，農諺說：「小寒大寒，殺豬過年。」、「過了大寒，又是一年。」

若按常年經驗，大寒是天氣寒冷到極點的時光，雖然多數年份小寒更冷。《授時通考·天時》引《三禮義宗》曰：「大寒為中者，上形於小寒，故謂之大。自十一月一陽爻初起，至此始徹，陰氣出地方盡，寒氣並在上，寒氣之逆極，故謂大寒也。」是說冬至一陽初生後，陽氣逐漸強大，由下而上，經小寒至大寒，才徹底將寒氣逐出地面。大寒因此是陰寒密布地面，這時節悲風鳴樹，寒野蒼茫，寒氣砭骨。正如宋朝詩人王之道有句：「曈曚半弄陰晴日，栗烈初迎小大寒。」古人一直把大寒當作是一年最冷的時節，這正應了一句俗諺

「大寒年年有，不在三九在四九」。大寒一般都落在公曆一月二十日前後，這時太陽到達黃經三百度。

大寒氣候的變化是預測來年雨水及糧食豐歉的重要標誌，鄉間農人多根據此來及早安排農事。「大寒不凍，冷到芒種」、「大寒不寒，人馬不安」、「大寒見三白，農人衣食足」、「大寒白雪定豐」、「大寒無風伏乾旱」等等，「三白」是指三場雪，「三」並非實指，是說大寒降雪多可得豐年之意。這些鄉間流傳的農諺，是從大地上生長出來的，是祖祖輩輩的生活經驗，至今仍影響著廣大鄉村的生產生活，是人與自然相處的、活化於心的「氣象預報」。

古代將大寒分為三候：「一候雞始乳，二候鷙鳥厲疾，三候水澤腹堅。」大寒之日「雞始乳」，意為大寒節氣雞提前感知到春天的陽氣，開始下蛋孵小雞;後五日「鷙鳥厲疾」，鷙鳥指鷹隼之類的飛鳥，厲疾是厲猛、捷速之意。意為鷙鳥盤旋於空中獵食，以補充能量抵禦嚴寒；再五日「水澤腹堅」，是水域中的冰一直凍到中央，且厚而實。

不過，不管古人怎麼形容它的寒冷，人們還是能想像到春天即將到來，就如唐代詩人元稹〈詠廿四氣詩·大寒十二月中〉中寫的那樣：

臘酒自盈樽，金爐獸炭溫。
大寒宜近火，無事莫開門。

冬與春交替，星周月詎存？
明朝換新律，梅柳待陽春。

詩人的「詠廿四氣詩」中，幾乎都寫到了節氣「三候」，而唯獨大寒這首詩，不再寫「雞始乳、鷙鳥厲疾、水澤腹堅」等物候現象了，而是直接寫人們的習俗和新、舊年的交替 —— 在大寒節氣，人們飲著臘酒，圍著火爐閉門取暖。冬天過去了就是春，一個星辰運動週期結束，十二個月也就過完了，新年要用新的曆法。

寒至極處且回暖，堅冰深處春水生。大寒後十五日，陽氣就會出地而驅逐陰寒了，那便是立春。

今年小、大寒交節恰逢兩個節日，小寒與「臘八」同一天，而大寒則與「小年」同一天。一日兩節，自是不同往常。「小年」是相對大年（春節）而言的，又被稱之為小歲、小年夜。東漢崔寔《四民月令》記載：「臘月日更新，謂之小歲，進酒尊長，修賀君師。」

在宋代，過小年是不出門拜賀的，《太平御覽》卷三十三引徐爰《家儀》說：「唯新小歲之賀，既非大慶，禮止門內。」由於「小年」時家家戶戶忙於祭祀和「除陳」，置備過年物品，所以這天合家團聚，歡宴飲酒，不外出往來走動。

「小年」是臘月二十三，民間有許多習俗，傳說是灶王

爺上天的日子。灶王爺，也稱灶君、灶君菩薩、東廚司命。早在春秋時期，孔子《論語》就有「與其媚於奧，寧媚於灶也」的說法。先秦時期，祭灶位列「五祀」之一，「五祀」為祭灶、門、行、戶、中霤五神，中霤就是我們常說的土神。

在民間傳說中，灶神是玉皇大帝派到人間察看善惡的神。這位神的由來有幾種說法，一種認為灶君是黃帝，《淮南子·微旨》中說：

「黃帝作灶，死為灶神。」一種認為灶君是祝融，《周禮》中說：「顓頊氏有子曰黎，為祝融，祀以為灶神。」灶神的全銜是「東廚司命九靈元王定福神君」，被尊奉為三恩主之一，也就是一家之主，家裡大大小小的事都歸他管。所以，民間傳統每年臘月二十三要祭灶。

家家戶戶在這一天將酒、糖、果等供品放在廚房灶神牌位下，祭祀後要燒掉灶神像，意味著送灶神上天。祭祀時，還有一個有趣的細節，祭祀的供品中一定要有膠牙糖做成的糖瓜、糖餅或年糕，為的是這些食物將灶神的嘴黏住，防止灶神上天亂揭人間短處。因此，過去灶龕兩側常可見到這樣的對聯：「上天言好事，回宮降吉祥」、「上天言好事，下界保平安」和「一家之主」的橫批。舊時，祭灶儀式感很強，馬虎不得。全家老少都要參與祭祀，磕頭、行禮，講究的人

家要由長子奉香、送酒，並為灶神的坐騎撒馬料，供清水，好讓灶神騎著升天。俗曲〈門神灶〉就描繪了一幅祭灶的風俗畫：「年年有個家家忙，二十三日祭灶王。當中擺上二桌供，兩邊配上兩碟糖，黑豆乾草一碗水，爐內焚上一股香。當家的過來忙祝賀，祝讚那灶王老爺降吉祥。」

到了大年三十的晚上，灶王還要與諸神來人間過年，那天還得有「接灶」、「接神」的儀式。所以俗語有「二十三日去，初一五更來」之說。這幾年，常在歲末賣年畫的小攤上，看到賣灶王爺的圖像，好讓人們在年三十「接灶」儀式時張貼。

大寒交節後，過年的日子，一天接近一天。俗話說：「進了臘月門，踩住年的後腳跟。」人們熱熱鬧鬧地辦年貨，忙碌而喜悅。

因此，大寒這一節氣，自然也就在二十四節氣中不同凡響，連帶著一年「完美收官」之意和即將過年的節日喜氣而顯得紅火忙碌。這時，再體會大寒中「寒」字，一下便有了暖暖的溫度。

過罷小年祭完灶，放了寒假的孩子們就懷著急迫的心情盼過年。

在皚皚的雪地上瘋癲嬉戲，在村邊打雪仗和「鬥拐拐」。玩到高興處，不知誰會帶頭開口，大家就跟著一起唱起歌謠：

「二十三，打發老爺上了天；二十四，掃房子；二十五，磨豆腐；二十六，割好肉；二十七，蒸糰子；二十八，把麵發；二十九，蒸饅頭；三十晚上守一宿，大年初一扭一扭。」這聲音帶著喜興和企盼迴盪在寂寥的冬日上空，空氣中一下子就飄滿了年味。

這樣的情景是我小時候的經歷，現在憶及，倍感親切。那時大寒節氣比現在冷多了。白天和朋友玩累了，晚上就守在窯洞的土炕上，圍著火盆取暖。忙了一天的母親和姐姐還會在昏黃的油燈下做針線活和納鞋底，趕做一家人過年的穿戴。有時，我和弟弟扔下手邊的書，跑到院裡，踩著滿地白雪從吊架上揪一穗玉茭，哈著冷氣哆嗦著再跑回窯洞土炕上，把玉米一粒粒剝下埋到火盆中溫熱的木炭灰中。不一會兒，埋玉米的木炭灰會輕輕動一下，飄起一縷煙灰，隨即「嘭」的一聲，一個爆米花就從火灰中跳出來，裊裊的煙灰中，先前一粒金黃的玉米竟變作如棉花朵般雪白的爆米花，香氣撲鼻！我們邊嚼邊拿起〈草船借箭〉、〈雪夜上梁山〉有滋有味地看起來。有時還會埋幾個山藥蛋進去，為寒夜裡工作的母親和姐姐準備夜宵。嚴寒冬夜，門外是冰凍的世界，簡陋的窯洞之內卻瀰漫著滿滿的溫暖，即使只是幾粒爆米花，一個烤馬鈴薯，也是一家人濃濃的生活情味。

大寒之後，年味越來越濃。村子的上空，整天都飄著炊煙。男人們忙著做豆腐。磨好豆漿，燒開大鍋，用力把豆漿從紗布包中揉入沸騰的大鍋內，然後小心翼翼地往鍋中點鹵水（讓豆腐質地更韌、風味更佳），把形成塊狀的豆漿從鍋中撈入竹篩內，用紗布包緊加蓋壓上石頭擠壓水分。忙完這些，男人們心裡總會忐忑：「不知這鹵水點老了還是點嫩了？」豆腐老了就顯得硬，出豆腐少，點嫩了豆腐就顯得軟，雖然出豆腐多但容易碎。而女人們則碾好米麵開始蒸饅頭、豆包、糰子。鄰里輪流幫忙。每戶人家都在大鍋上架起了蒸籠，把細細的乾淨麥稈鋪一層在蒸籠底，心靈手巧的女人們將揉好的麵糰挨個擺放於麥稈上，然後一屜屜上鍋。爐腔中柴禾架起，大火熊熊。待一籠饅頭蒸好後，就倒在院子裡的長笸籮裡晾著。無論誰過來，女主人總會掰半個塞到來人手裡，也會忐忑地跟一句：「嘗嘗，好吃嗎？」聽到來人嚼著香甜勁道的饅頭連聲說「好吃」時，女主人就會滿面笑意轉身投入到熱氣瀰漫的灶間接著忙碌。

而殺年豬則成為全村人喜氣洋洋的集體行動，這也是最令孩子們興奮的時刻。我至今難忘的是殺豬後，在冒著熱氣的大鐵鍋上退豬毛的情景。殺豬人從豬蹄處開一個小口，用一根鐵絲條從小口往豬體內來回捅幾下，隨後幾個農人輪流對著小口用力往豬的體內吹氣，不一會兒豬就像一個人氣球一樣鼓脹起來，用細繩緊緊捆住豬蹄處小口。待大鍋中的水

燒熱了，有人拿著刮刀開始退豬毛。我一直覺得，往豬體內吹氣的人了不起，鼓起腮幫子，就像八音會上的嗩吶把式一樣，不一會就把體長一兩米的大豬吹得渾圓。待豬開膛破肚扒出下水後，我和朋友們屁顛屁顛地攆在大人身後，為的就是從殺豬人手中要來豬膀胱。待豬膀胱搶到手，大家一哄散去，躲在一旁如大人退豬毛那般，憋足氣漲紅臉往豬膀胱中吹氣，吹好後便用細線綁好開始玩起來。一會當汽球牽著瘋跑，一會當足球蹬來踢去。大家玩得臉上汗涔涔，即使滿手腥臊味也不在乎。

大寒節氣，臨近年關的日程安排的滿滿，每家都在忙：掃房子、糊窗戶、貼窗花……而外面集市上鋪滿了年畫、春聯、糖果、爆竹和各種年貨，人頭攢動，一派喜慶。大人小孩還會抽空趕快找剃頭匠理髮，老話說：「有錢沒錢，剃頭過年。」下一次理髮，要等到二月二了呢。理完發，帶著一身的清爽，準備寫對聯，好等著年三十張貼春聯呢。

這春聯可是有講究的。在紙寫春聯之前，歲首新年、新舊交替時刻用的是「桃符」。桃符與春聯是傳統社會新年裝飾門戶的重要節物，它們都具有民俗信仰的意義。宋代王安石〈元日〉一詩為證：「爆竹聲中一歲除，春風送暖入屠蘇，千門萬戶曈曈日，總把新桃換舊符。」桃符的新舊置換，昭示著時間的斗轉星移，寒冬過去而新春來臨。桃符，是家庭門戶守護牌，它起源於古老的桃木崇拜。隋杜臺卿所著《玉燭寶典》引《萬典術》載：「桃者，五行之精，厭伏邪氣，制百鬼，故作桃板著戶，謂之仙木。」由此可見桃木屬於具有厭邪制鬼的神奇靈力，故號稱「仙木」。在先秦時代，人們就開始以桃木鏤刻成人形，稱為桃梗，以為守門的護衛。後來的神荼、鬱壘的門神形象，很可能由此生發。桃木可以鏤刻為偶人作為守護的神物，也可以在桃板上繪畫、書寫，作為佑護家室的符牌。宋人呂原明在《歲時雜記》中記載了桃符的形制：「桃符之制，以薄木版長二三尺、大四五寸，上畫神像、狻猊、白澤之屬，下書左鬱壘右神荼，或寫春詞，或書祝禱之語。歲旦則更之。」由此我們看出，自漢以來的「桃符」到宋代開始書寫「春詞」或「祝禱之語」。人們已不滿足於原始的心理防禦狀態，而是以語言文字主動地表達迎春祈福的心願。

隨著時代的變遷，人們要表達的意願越來越多，在桃符上的字也就越寫越長，春詞逐漸形成了對仗工整的吉祥聯語。於是出現了春聯這一新年門飾，最早的春聯是寫在桃符上的。相傳出生於山西太原的五代後蜀國主孟昶是第一幅春聯的作者，他在桃板上撰寫了「新年納餘慶，嘉節號長春」的聯語。開創了春聯這一雅俗共賞的文學新體裁。《宋史·五行志》亦有：「歲除日，命翰林為詞題桃符，正旦置寢門

左右。」新年桃符詞需要翰林題寫，可見對桃符上文辭的雅意有特別的要求，當然這是皇家的要求。普通人大約文辭工整即可。宋朝開始，在桃板上書寫春聯的風氣，由皇宮擴展到民間，由此逐漸占據桃符的主導位置，這也是後人「春聯者，即桃符也」說法的來源。

春聯，從桃符圖像文字到吉語聯對，是新年春聯出現的重要預演。春聯的最初起源雖在唐末五代，但明朝之後，過年寫貼紙質春聯，已成為迎接新年的重要民俗。明人劉侗等所寫的《帝京景物略》中說：「東風剪剪拂人低，巧撰春聯戶戶齊。」年節中家家戶戶都要貼春聯，並且一般講究寓意吉祥，詞語對仗工整。

過去從進入臘月開始，就有文人墨客在市場店鋪的屋簷下，擺開桌案，名曰「書春」、「書紅」、「借紙學書」、「點染年華」，一些讀書人借給人書寫春聯，賺些潤筆錢。現在的城市鄉間，很難再見到這樣的情景了。忙碌的人們只是在採辦年貨時，捎帶買幾幅現成的春聯到除夕時張貼。這不僅缺少了「以吉語書門」的興致，更少了一份新年來臨時詩意棲居的溫暖。記起小時候大年初一一早拜年時，挨家挨戶進門先看春聯。一家家走過，面對著大門上的對聯評書寫、品內容，一聯聯讀過來，真是一種學習和長進，懷裡揣滿了新春第一天悅己愉人的喜悅。

舊時大寒時節，人們還要爭相購買芝麻秸。因為「芝麻開花節節高」，到除夕夜，將將芝麻秸灑在行走的路上，供孩童踩碎，諧音吉祥意「踩歲」，同時以「碎」、「歲」諧音寓意「歲歲平安」，求得新年節好口彩。這也使得大寒驅凶迎祥的節日意味更加濃厚。

大寒節氣全在為過年忙碌，到了臘月三十萬事齊備。臘月三十為除夕。除夕下午，都有祭祖的風俗，稱為「辭年」。除夕祭祖是民間大祭，有宗祠的人家都要開祠，並且門聯、門神、桃符均已煥然一新，還要點上大紅色的蠟燭，然後全家人按長幼順序拈香向祖宗祭拜。

舊時除夕之夜，人們要鳴放煙花爆竹，焚香燃紙，敬迎謁灶神，叫作「除夕安神」。入夜，堂屋、住室、灶下，燈燭通明，全家歡聚，圍爐熬年、守歲。正是這樣的一種文化傳統，使得家家戶戶特別重視除夕節。古往今來莫不如此，在外的人不管多遠也要在除夕趕回來與家人團圓，一起吃年夜飯。古人吃年夜飯時，桌上放一個燒得很旺的火爐，全家人圍著火爐吃年夜飯，因此也叫「圍爐」，寓意日子過得紅火興旺。年夜飯是一年中最豐盛的晚餐。因為一年之中大家都很忙，只有過年才能團聚在一起，所以特別重視除夕的團圓。

這樣的傳統至今生生不息。在世界各地，凡是有華人居住的地方，每到年終歲始，無不家人團聚，除夕吃團圓飯，

貼對聯，放炮仗，慎終追遠，祭祖歸宗，歡歡喜喜、熱熱鬧鬧地迎接新的一年。

除夕是一年之終，子夜一過，便是一年之始。《史記·天官書·正義》說：「正月旦歲之始，時之始，日之始，月之始，故云『四始』。」、「有始有終」是中華文化傳承中一貫遵循的處事原則。

現在的除夕雖然不似過去嚴格按老規矩行事，但一家人團團圓圓吃年夜飯、禮敬長輩、勉勵後生、看看電視則成了新年俗。除夕子夜迎新春，至暖是家人的團圓，至誠是家人的鼓勵，這是人們心中永遠的春天。

大寒過後，又是一個新的循環。四時運轉，就是這般首尾相接，無窮無盡。人間溫涼寒暑，身心俱在其中。從下一個十五日開始，便是立春。春天的大幕再次開啟，萬物開始生發，四季再次輪迴，所有的日子將又一次踏上征程。

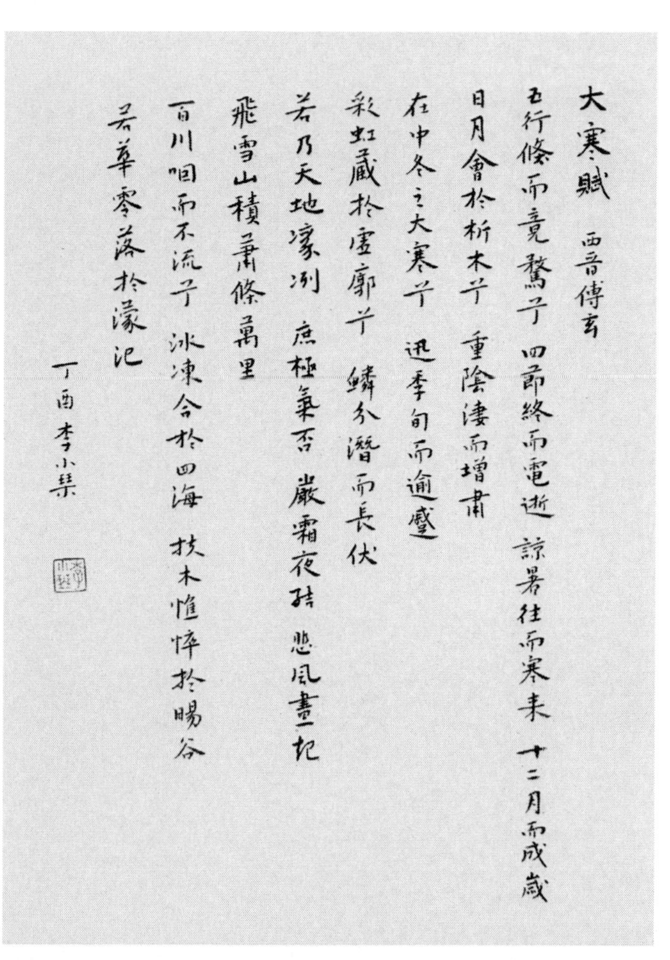

李小琴　書

〈大寒賦〉傅玄（西晉）

五行倏而竟騖兮，四節終而電逝，諒暑往而寒來，十二月而成歲。日月會於析木兮，重陰淒而增肅。在中冬之大寒兮，迅季旬而逾蹙。彩虹藏於虛廓兮，鱗介潛而長伏。若乃天地凜冽，庶極氣否，嚴霜夜結，悲風晝起，飛雪山積，蕭條萬里。百川咽而不流兮，冰凍合於四海，扶木憔悴於暘谷，若華零落於蒙汜。

後記

本書內容能形成系列，實在是一個偶然。起初，只是為了給報紙專欄填版面而匆匆寫下，並沒有將其作為一個「有意為之」的事情來做。但是，應時應節寫下幾篇後，讀者迴響強烈，我的心裡也就有了想法。於是，乾脆按照這個思路寫下去，在寫作中一路撿拾我們的傳統文化，這個過程於我而言，真是一次很好的學習。

整個系列歷時一年，從「立春」開始，到「大寒」結束，跟著二十四節氣說了一遍。

一年下來「有始有終」做完了一件事，對二十四節氣作了概括介紹。一年來，不少熱心讀者及時跟讀節氣文章，有人還為此寫下評論，這對我是莫大的鼓勵。

把一年分為二十四個節氣，是中國古代先民的一個獨創，是對天文學的一個重大貢獻。節氣不單單用來指導農事，還是世代中國人生活方式、生存哲學的全部體現。中國人講究天人合一，尋求與自然和諧共處。在長期的生產實踐中，因為順天應時，由此總結出了不可勝數的節氣諺語，在四季輪迴的生活中，因為禳災祈福，又形成了豐富多彩的節氣風俗，有的節氣還成了重要節日，比如清明。漫長的歲月，節氣民俗反映著人生，觀照著生活，也感染著歷代文人

詩家，因此孕育出數不清的詩詞歌賦，以及繪畫、舞蹈、音樂等等。傳統的二十四節氣蘊涵著十分豐富的「節氣文化」。

的確，節氣涵納的內容非常廣泛，千百年傳承下來的二十四節氣，幾乎涵蓋了我們生產、生活的方方面面。我力圖將「節氣文化」的各個方面都有所涉及，試圖給讀者勾勒出一個個充滿生活氣息和情趣的立體節氣，但由於筆力不逮和限於學識，只能將側重點放在節氣所涵蓋的文化與民俗方面，即使如此也不免有所缺漏，還望大家不吝賜教。

四季輪迴，節氣年年。在未來的日子裡，讓我們懷著對自然的敬畏和對季節的感恩，與時光共美，和歲月相處，享受愉悅身心的一個個好日子。

作者

電子書購買

國家圖書館出版品預行編目資料

流轉，大地永不失約的節氣更迭：不要只會每年過生日，質感生活從懂得二十四節氣開始！ / 狄赫丹著 . -- 第一版 . -- 臺北市：崧燁文化事業有限公司 , 2023.01

面； 公分

POD 版

ISBN 978-626-332-907-2(平裝)

1.CST: 節氣

327.12　111018553

流轉，大地永不失約的節氣更迭：不要只會每年過生日，質感生活從懂得二十四節氣開始！

臉書

作　　者：狄赫丹

發 行 人：黃振庭

出 版 者：崧燁文化事業有限公司

發 行 者：崧燁文化事業有限公司

E-mail：sonbookservice@gmail.com

粉 絲 頁：https://www.facebook.com/sonbookss/

網　　址：https://sonbook.net/

地　　址：台北市中正區重慶南路一段六十一號八樓 815 室

Rm. 815, 8F., No.61, Sec. 1, Chongqing S. Rd., Zhongzheng Dist., Taipei City 100, Taiwan

電　　話：(02) 2370-3310　　傳　　真：(02) 2388-1990

印　　刷：京峯彩色印刷有限公司（京峰數位）

律師顧問：廣華律師事務所 張珮琦律師

定　　價：350 元

發行日期：2023 年 01 月第一版

◎本書以 POD 印製